EL PEQUEÑO INGENIERO - LIBRO PARA COLOREAR AUTOS Y CAMIONETAS

SETH MCKAY

El Pequeño Ingeniero -Libro para colorear Autos y Camionetas, por Seth McKay www.TheLittleEngineerBooks.com

Derechos de Autor © 2018 por Seth McKay

Todos los derechos reservados. Ninguna parte de este libro debe ser reproducido, almacenado en un sistema de recuperación/respaldo o trasmitida de alguna manera o por cualquier medio - electrónico, mecánico, fotocopia, grabación, escaneo o cualquier otro, solo con excepción de pequeñas citas en reseñas, criticas o artículos, sin el permiso previo por escrito del editor.

Los libros de Creative Idea Publising pueden comprarse en grandes cantidades para uso educativo, comercial, de recaudación de fondos o de promoción de ventas. Para obtener más información, por favor envié un correo a permissions@TheLittleEngineerBooks.com.

ISBN-13: 978-1-952016-29-5

Publicado por: Creative Ideas Publishing

Índice

Introducción *(para papas)* v

Introducción *(para pequeños ingenieros)* vi

Tips de cómo utilizar este libro. vii

Los primeros autos 1

Las primeras camionetas 2

Tipo de autos 3

¿Dónde se fabrican los carros? 4

Chasis 5

Motor 6

Cilindro de motor 7

Que es lo que necesita un motor de gasolina 8

Motores diésel 9

¿Cuántos cilindros? 10

El monoblock de un motor 11

Partes de monoblock de un motor 12

Accesorios para el motor 13

Radiador 14

Supercargadores y turbocargadores 15

Supercargadores 16

Turbocargadores 17

Turbocargadores gemelos 18

Motores eléctricos 19

Superautos con motores eléctricos 20

Motor delantero, central y trasero 21

Transmisión 22

Eje de transmisión 23

Diferencial 24

Auto con tracción de cuatro por cuatro 25

Como funciona la tracción 4x4 26

2 Diferenciales 27

4x4 28

Tracción delantera 29

Suspensión 30

Eje solido vs. Suspensión independiente 31

Dirección 32

Neumáticos 33

Ruedas 34

Frenos 35

Luces 36

Ventana eléctrica 37

Limpiaparabrisas 38

Interior del auto 39

Tablero de instrumentos 40

¿Como consiguen los autos el combustible? 41

Recarga de autos electricos 42

EXTRA: Avance especial del libro para colorear del espacio y cohetes 43

Introducción *(para papas)*

Te agradecemos de corazón por tu interés en nuestros libros para colorear para pequeños ingenieros. En este tipo de libros, se le presentara a tus hijos temas interesantes y nuevos y empezaran a entender cómo funcionan las cosas.

En lo personal siempre he querido que mis hijos entiendan como es que funcionan las cosas y en general me interesa que entiendan que los objetos no son cajas mágicas que simplemente funcionan por alguna razón desconocida. Quiero que entiendan que todos los objetos son en realidad algo simple cuando estos son desglosan en unos pocos componentes clave. Si no existe una dirección, es posible que nuestros hijos puedan entender erróneamente los objetos que nosotros consideramos simples.

Por ejemplo, se entiende que una impresora cuenta con un rodillo que se encarga de desplazar el papel y un pequeño chorro de tinta que rocía el papel con tinta mientras pasa para hacer imágenes. Sin embargo, sería muy fácil para nuestros hijos ver la misma impresora y concluir que esta caja mágica solo se encarga de sacar hojas de papel y por lo tanto de ahí es donde proviene el papel.

¡Elegí hacer este libro un libro para colorear porque me quise asegurar que también fuera divertido! No es mi intención hacer parecer este libro como en un sentido muy serio, aburrido o abrumador. El colorear de verdad ayuda a que el libro será divertido mientras se incorporan temas nuevos y desafiantes.

Objetivo del libro:

El objetivo de este libro no es alentar a que tu hijo se convierta en un ingeniero (de verdad deseo que tu hijo o hija elija la carrera que mejor le parezca), y el objetivo tampoco es que tu hijo sepa exactamente como es que funcionan las cosas y tampoco que se memorice cada parte de un auto.

El objetivo simplemente es el de introducirle conceptos nuevos e interesantes que puedan captar la atención de tu hijo o hija y ayudarle a tu hijo a entender que las cosas aparentemente complejas son en realidad solo unos elementos sencillos juntos.

Introducción *(para pequeños ingenieros)*

¡Hola pequeño ingeniero!

Mi nombre es Seth y soy el jefe de ingeniería de este libro. Nos vamos a divertir tanto aprendiendo las diferentes partes que compone a un auto.

Primero vamos a empezar a ver algo de los primeros autos en la historia y vamos a ver que aspecto tenían. Hablaremos de todas las partes principales de un auto e inclusive vamos a hablar de partes muy emocionantes como los turbocargadores y los motores eléctricos.

Diviértete coloreando, pregúntales a tus papas todas las dudas que tengas sobre esto y ¡diviértete más que nada!

Tips de cómo usar este libro

- **Lee el libro a tus hijos** – Antes de colorear el libro, lee el libro por completo una vez por lo menos para que tu hijo obtenga una muy "buena idea" antes de que se enfoquen solo en colorear una página.

- **Añade tus propias explicaciones** – Solo tu conoces bien a tus hijos, así que te invitamos que acomodes las palabras de la mejor manera para ayudarles a entender todo.

- **Relaciona cada hoja del libro con tu entorno** – A medida que tus hijos y tu vayan avanzando en la lectura del libro, señala diferentes características de los autos y has que participen en la búsqueda de diferentes partes de un vehículo. (Por ejemplo, pídeles que te muestren cual es el diferencial de un vehículo.)

- **Usa tu propio auto como ejemplo** – Pregúntales a tus hijos si desean ver ciertas partes en específico de tu auto. Esto les ayudara a obtener una muy buena idea de cómo son ciertas partes de un auto en "el mundo real". Advertencia: Si acaba de conducir el automóvil, muchas partes estarán demasiado calientes para tocar, así que tenga cuidado y no permita que su hijo toque las partes calientes del automóvil.

¡EMPECEMOS!

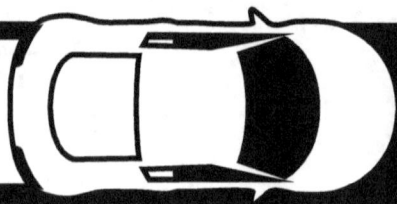

LOS PRIMEROS AUTOS

¡EL PRIMER VEHÍCULO FUE FABRICADO HACE CASI 250 AÑOS! ¡WOW!, ESO SÍ QUE FUE HACE MUCHO TIEMPO. ESTE ESTABA COMPUESTO DE 3 RUEDAS Y UN MOTOR A VAPOR, SIN EMBARGO, NUNCA SE PUDO CONDUCIR DEMASIADO LEJOS. HACE ALREDEDOR DE 120 AÑOS, SE INVENTARON LOS VAGONES CON MOTOR A BASE DE GASOLINA

LAS PRIMERAS CAMIONETAS

DIEZ AÑOS DESPUÉS DEL PRIMER AUTO A GASOLINA, SE FABRICÓ UNA CAMIONETA QUE ERA UN VEHÍCULO MUCHO MÁS PODEROSO Y PODÍA LLEVAR MÁS CARGA.

TIPOS DE AUTOS

TODOS LOS AUTOS Y CAMIONETAS VIENEN EN DISTINTOS TAMAÑOS.

ESTOS SON ALGUNOS DE LOS TIPOS PRINCIPALES: COMPACTO, SEDAN, CAMIONETA, SUV, VAN, Y AUTOS DEPORTIVOS

¿DONDE SE FABRICAN LOS CARROS?

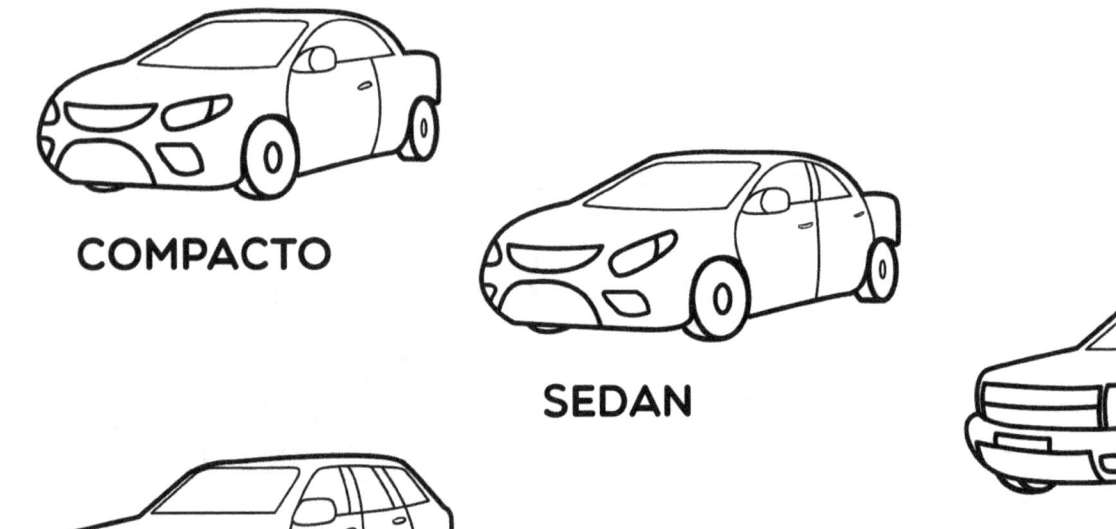

COMPACTO

SEDAN

CAMIONETA

FABRICA

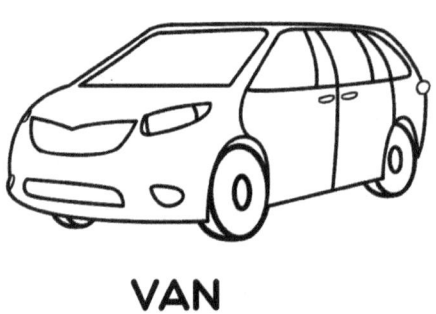

VAN

AUTO DEPORTIVO

LA MAYORÍA DE LOS AUTOS SON FABRICADOS EN FÁBRICAS INMENSAS Y LAS FÁBRICAS HACEN CIENTOS DE CARROS POR DÍA.
DESPUÉS DE FABRICAR LOS AUTOS, ESTOS SON TRANSFERIDOS A UN CAMIÓN, TREN O BARCO DE TRANSPORTE PARA AUTOS PARA LLEVARLOS A TODO EL MUNDO.

CHASIS

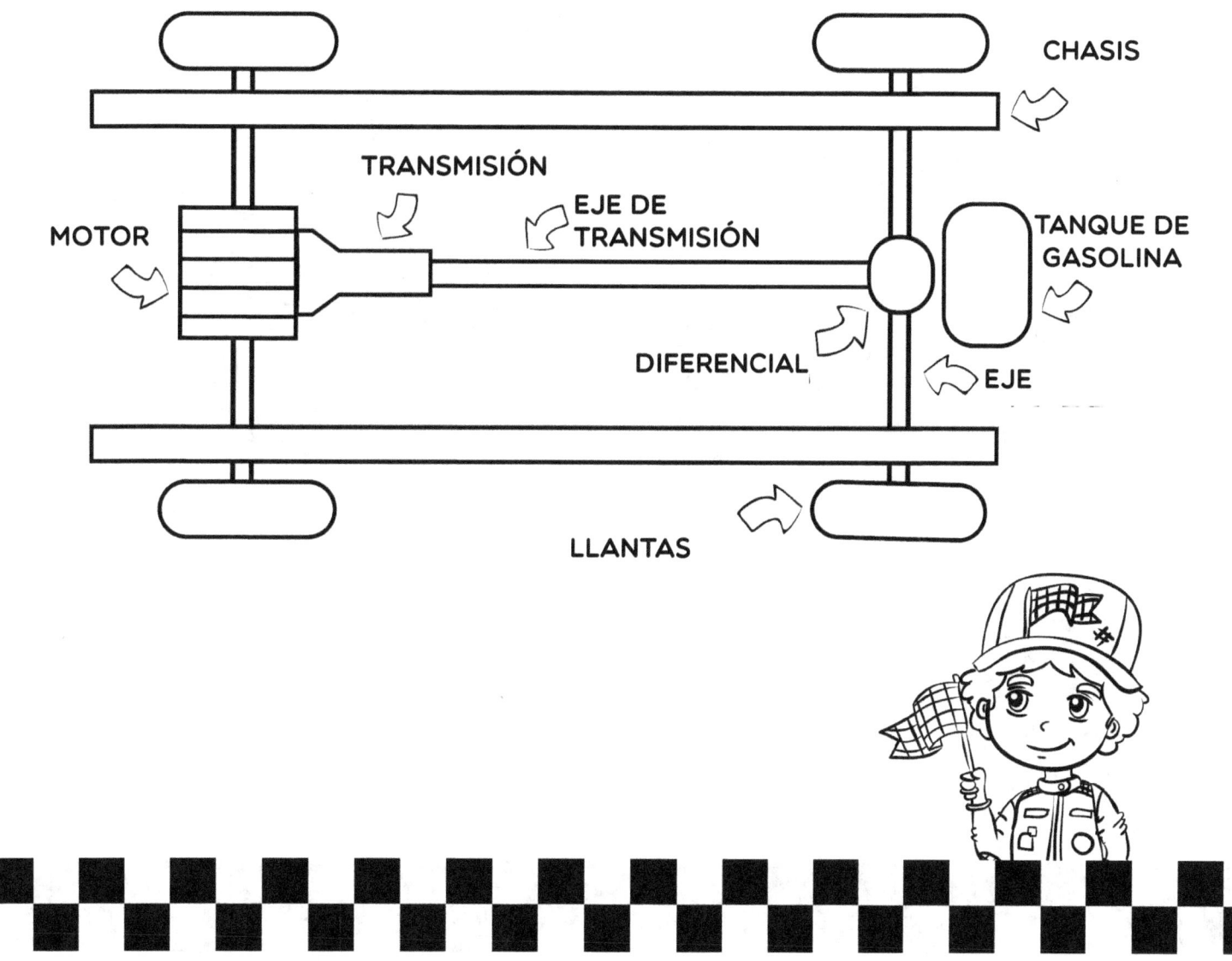

LA MAYORÍA DE LOS AUTOS SON FABRICADOS SOBRE UN CHASIS.

EL CHASIS ESTA HECHO DE UN METAL MUY DURO PARA QUE PUEDA RESISTIR TODAS LAS PIEZAS PESADAS DE UN AUTO COMO LO ES UN MOTOR, LA TRANSMISIÓN, SUSPENSIÓN Y EL CUERPO DEL AUTO.

MOTOR

EL MOTOR ES UNA DE LAS PARTES MAS IMPORTANTES DE UN AUTO. EL MOTOR TIENE PIEZAS MÓVILES QUE HACE QUE LAS RUEDAS DEL AUTO GIREN PARA QUE ESTE SE PUEDA MOVER. ALGUNOS MOTORES FUNCIONAN A BASE DE DIÉSEL MIENTRAS OTROS UTILIZAN GAS (TAMBIÉN CONOCIDO COMO GASOLINA). ALGUNOS CARROS TIENEN MOTORES ELÉCTRICOS EN LUGAR DE TENER MOTORES A BASE DE GASOLINA Y DIÉSEL.

CILINDRO DE MOTOR

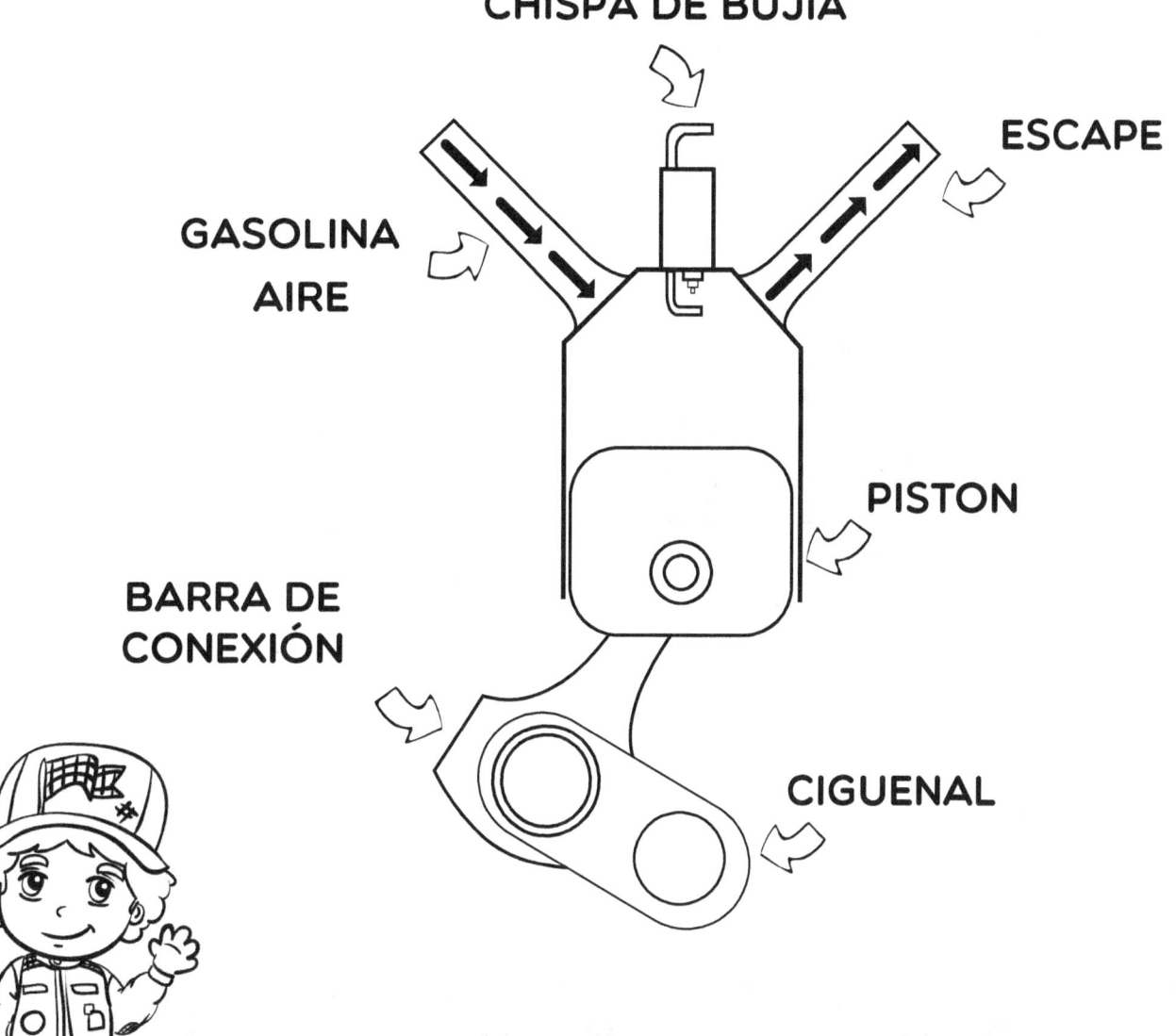

UN MOTOR CUENTA CON 1 O MÁS CILINDROS DENTRO DEL MISMO. CADA CILINDRO TIENE UN PISTÓN EN LA PARTE INTERNA EL CUAL SE MUEVE HACIA ARRIBA Y HACIA ABAJO LO QUE PROVOCA QUE EL CIGÜEÑAL GIRE. EL CIGÜEÑAL ESTÁ CONECTADO A LAS RUEDAS DEL AUTO, Y POR LO TANTO HACE QUE LAS RUEDAS GIREN TAMBIÉN. EL PISTÓN SE MUEVE PORQUE EL COMBUSTIBLE SE VA HACIA EL CILINDRO Y GENERA UNA PEQUEÑA EXPLOSIÓN

QUE ES LO QUE UN MOTOR DE GASOLINA NECESITA

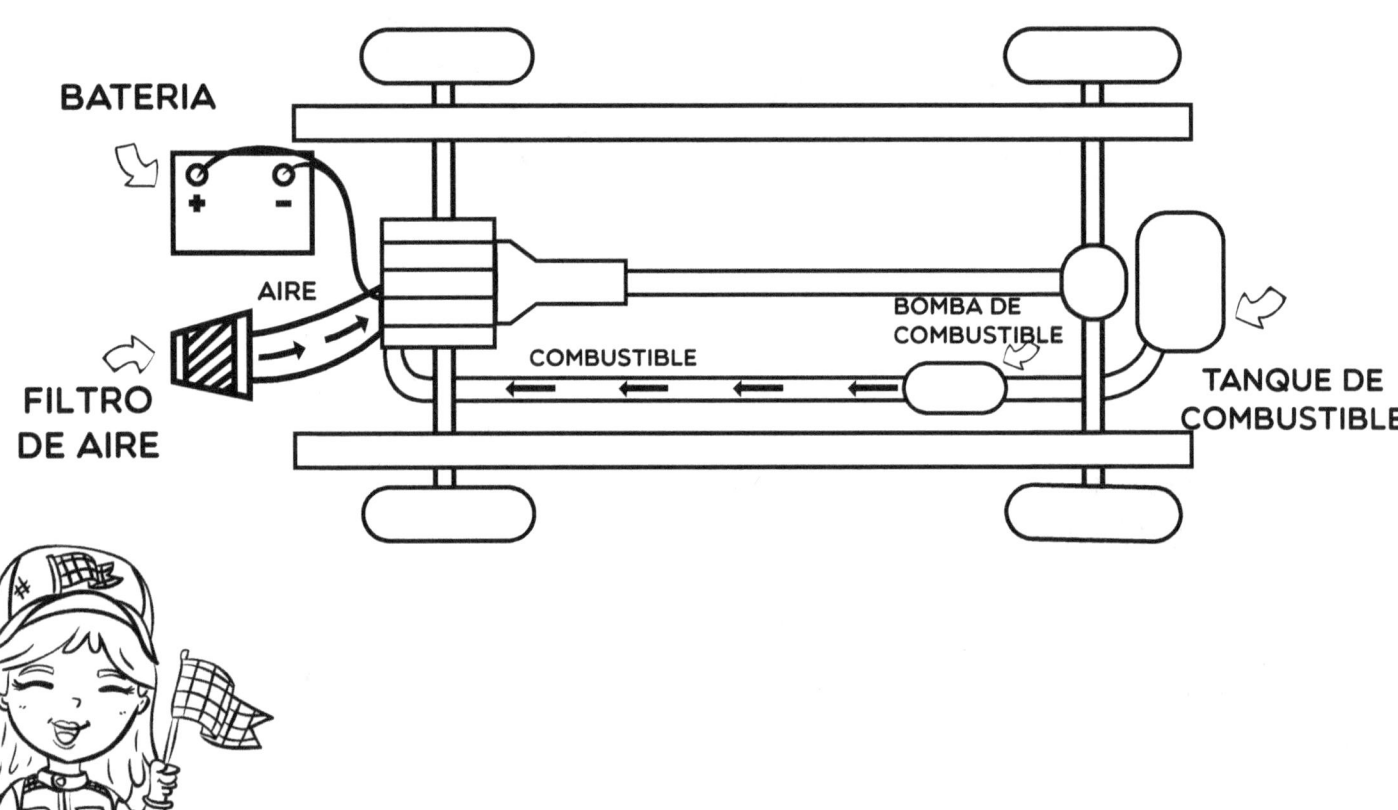

UN MOTOR DE GASOLINA NECESITA 3 COSAS PARA FUNCIONAR: AIRE, GASOLINA Y UNA CHISPA

- EL AIRE PASA POR EL FILTRO DE AIRE Y ENTRA EN EL MOTOR
- LA BOMBA DE COMBUSTIBLE EMPUJA LA GASOLINA HACIA EL MOTOR.
- LAS BUJÍAS SE ENCARGAN DE GENERAR UNA CHISPA. LAS BUJÍAS NECESITAN ENERGÍA PARA QUE SE CONECTEN A LA BATERÍA PARA OBTENER ELECTRICIDAD

MOTORES DE DIÉSEL

LOS MOTORES DE DIÉSEL SOLO NECESITAN AIRE Y COMBUSTIBLE PARA FUNCIONAR APROPIADAMENTE.

UN MOTOR DE DIÉSEL APRIETA TANTO EL AIRE Y EL COMBUSTIBLE EN EL CILINDRO QUE EL COMBUSTIBLE EXPLOTA POR SÍ MISMO.

NO NECESITA UNA BUJÍA.

LA MAYORÍA DE LOS CAMIONES GRANDES TIENEN UN MOTOR A BASE DE DIESEL YA QUE ESTOS SON MUY POTENTES Y PUEDEN AYUDAR A TRANSPORTAR CARGAS PESADAS.

¡ES HORA DE UNA PREGUNTA!

UN MOTOR DE GAS V8 TIENE 8 BUJÍAS.
¿CUÁNTAS BUJÍAS TIENE UN MOTOR V8 DE DIÉSEL?

¿CUANTOS CILINDROS TIENE TU AUTO?

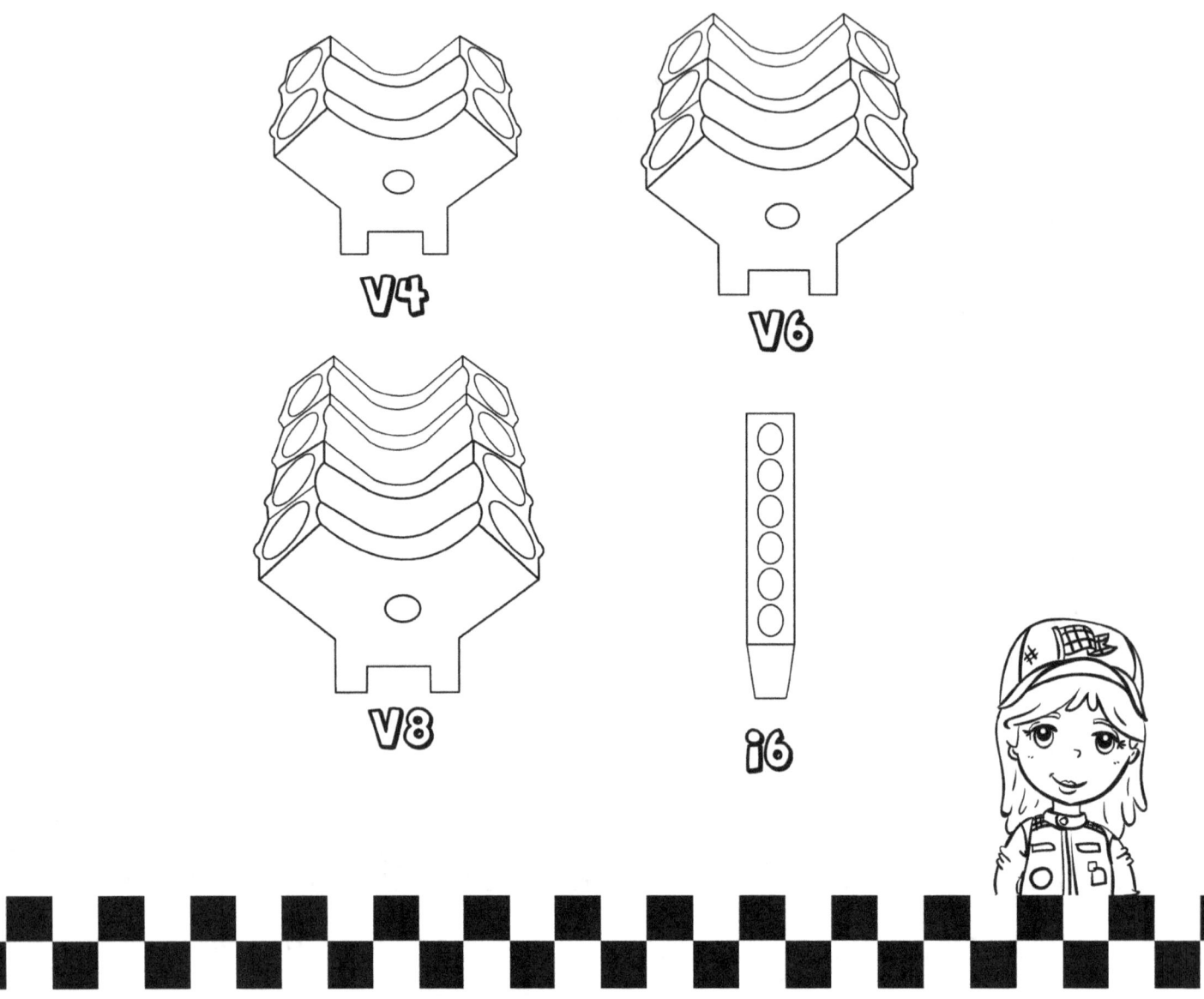

EL NOMBRE DE LOS MOTORES USUALMENTE SE DETERMINA POR EL NÚMERO DE CILINDRO QUE TIENE EL MOTOR.
UN MOTOR V8 TIENE 8 CILINDROS
UN MOTOR I6 TIENE 6 CILINDROS, TAMBIÉN SE LE CONOCE 6 EN LÍNEA PORQUE TODOS LOS CILINDROS ESTÁN EN UNA LÍNEA

¡ES HORA DE UNA PREGUNTA!

¿CUÁNTOS CILINDROS TIENE UN MOTOR V6?

EL MONOBLOCK DE UN MOTOR

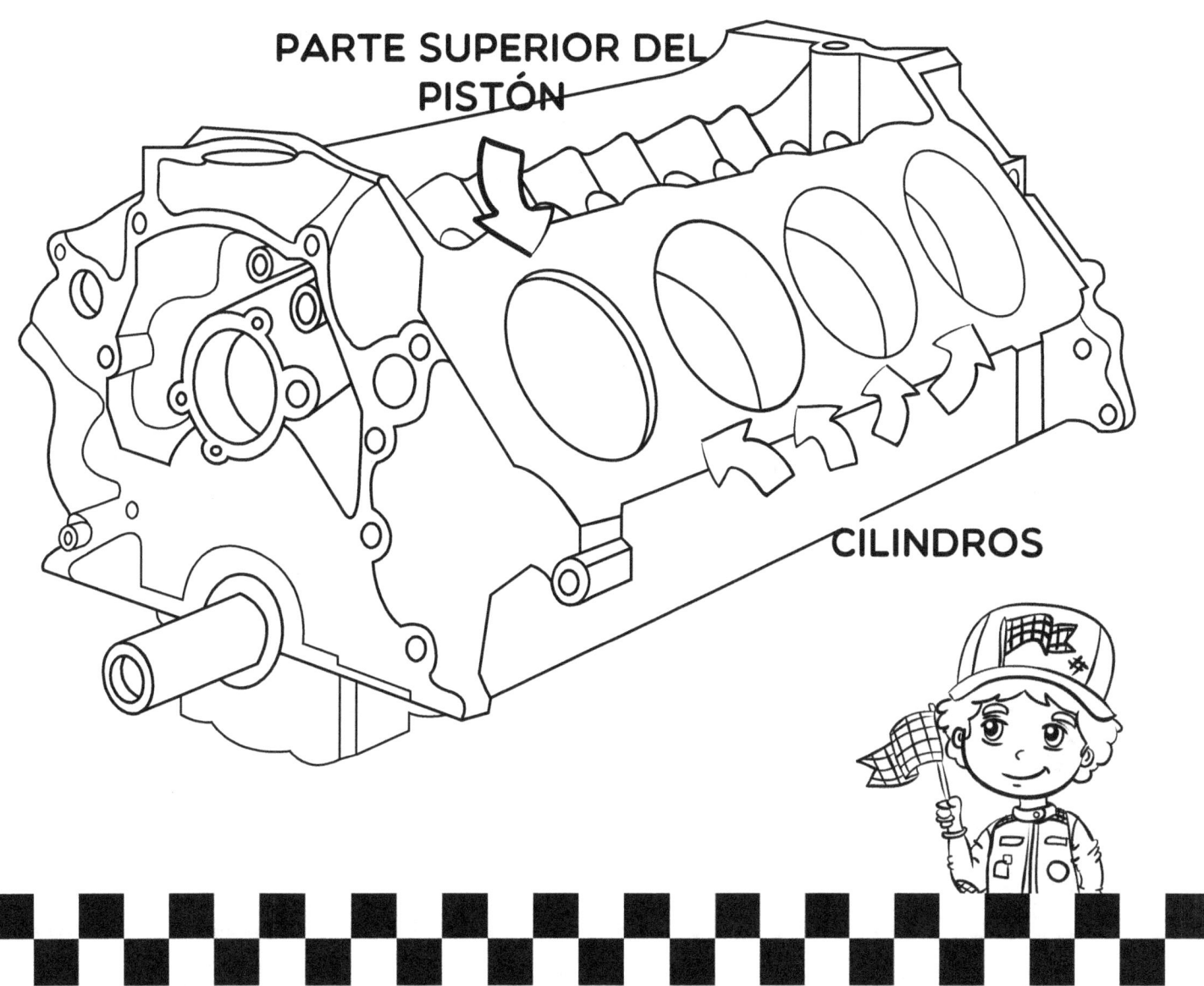

EL MONOBLOCK DE UN MOTOR ES UNA GRAN PIEZA METÁLICA CON "AGUJEROS" PARA CADA CILINDRO. LOS PISTONES, LAS BIELAS Y EL CIGÜEÑAL ESTÁN OCULTOS DENTRO DEL MOTOR.

¡ES HORA DE UNA PREGUNTA!

¿CUÁNTOS CILINDROS PUEDES VER?

PARTES DE UN MONOBLOCK DE UN MOTOR

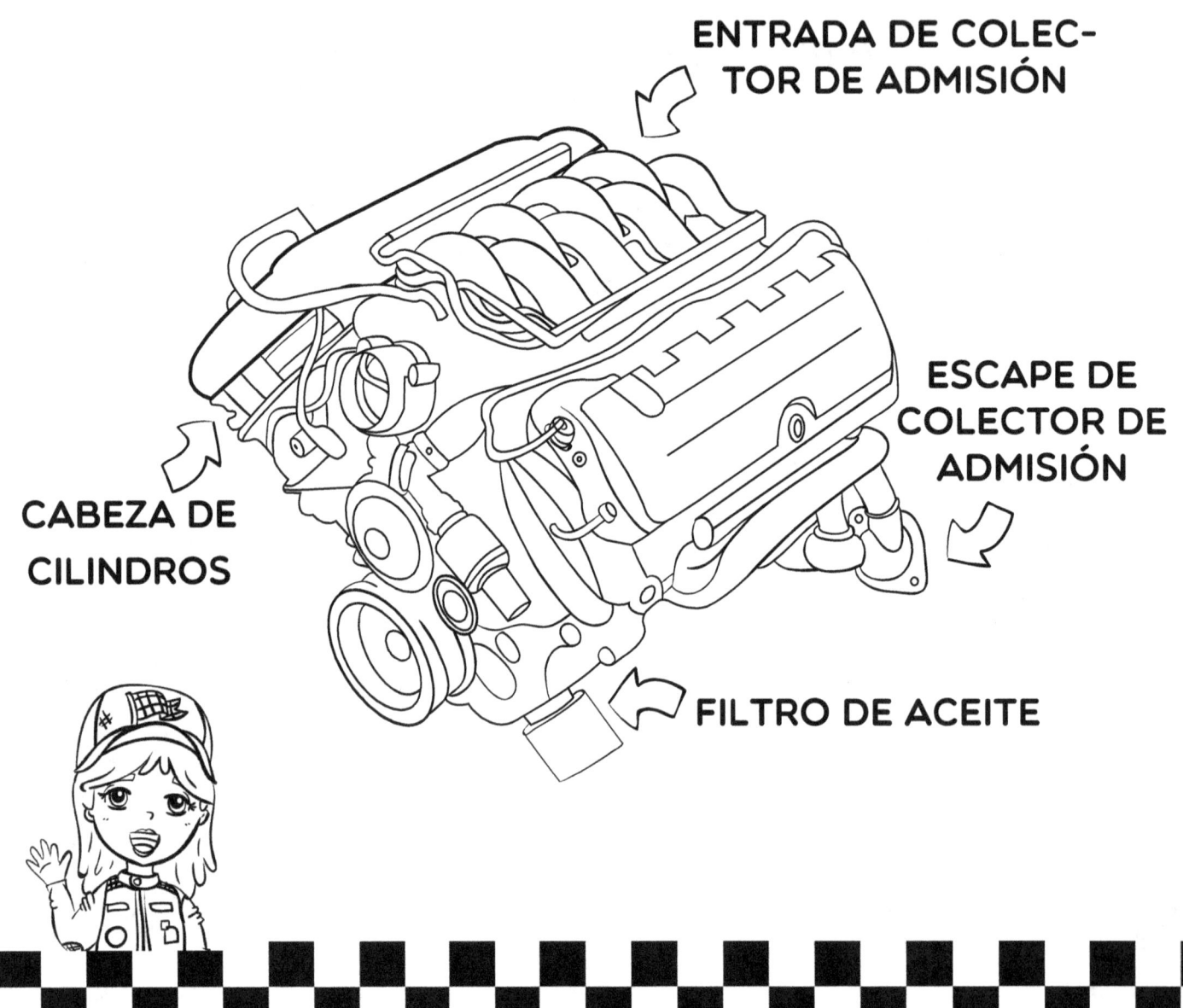

MUCHAS DE LAS PIEZAS VAN EN LA PARTE SUPERIOR DEL MONOBLOCK DE UN MOTOR.
LAS CABEZAS DE LOS CILINDROS CUBREN LOS "AGUJEROS" DEL CILINDRO.
SE AGREGA UN COLECTOR DE ADMISIÓN DE AIRE MANIFOLD EN LA PARTE SUPERIOR DEL MOTOR.
TODO EL AIRE QUE ENTRA A LOS CILINDROS PASA PRIMERO POR EL COLECTOR DE ADMISIÓN.
LOS COLECTORES DE ESCAPE SE CONECTAN AL MOTOR CON LOS TUBOS DE ESCAPE QUE VAN DEBAJO DEL AUTO.

ACCESORIOS DE UN MOTOR

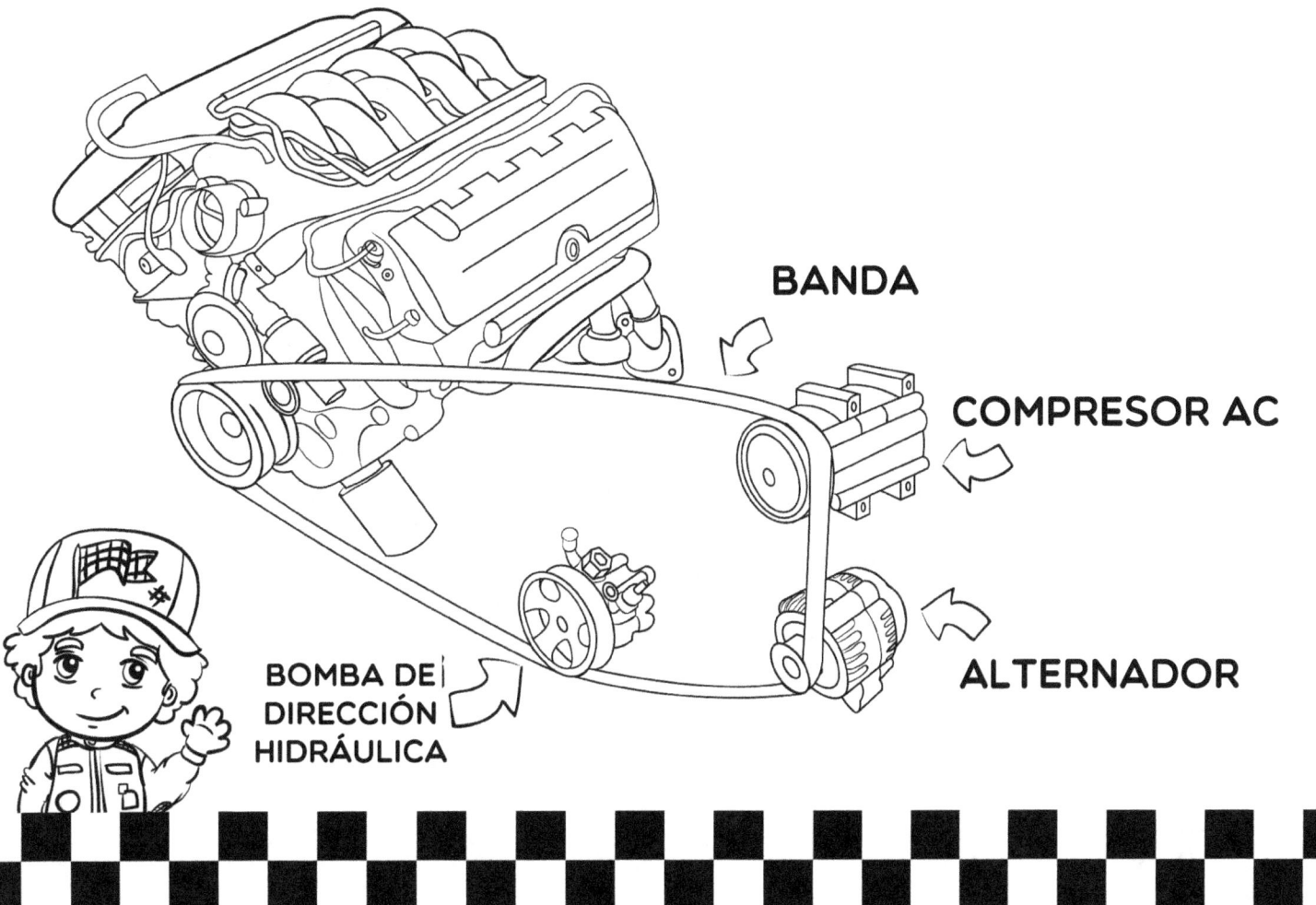

LOS ACCESORIOS DEL MOTOR SON ENERGIZADOS POR UNA BANDA EN EL MOTOR. LA BANDA HACE GIRAR LAS RUEDAS DE LOS ACCESORIOS CUANDO EL MOTOR ESTE ENCENDIDO.

- EL ALTERNADOR ES EL CARGADOR DE LA BATERÍA DEL AUTO. ES UN PEQUEÑO GENERADOR DE ENERGÍA QUE ASEGURA QUE TÚ AUTO TENGA SUFICIENTE ELECTRICIDAD PARA LAS LUCES, LAS BUJÍAS, EL RADIO Y MÁS.
- EL COMPRESOR DE AC AYUDA A QUE EL SISTEMA DE AC FUNCIONE APROPIADAMENTE PARA QUE EL AIRE EN EL CARRO SEA AGRADABLE Y FRIO.
- LA BOMBA DE LA DIRECCIÓN HIDRÁULICA FACILITA EL GIRO DEL VOLANTE.

RADIADOR

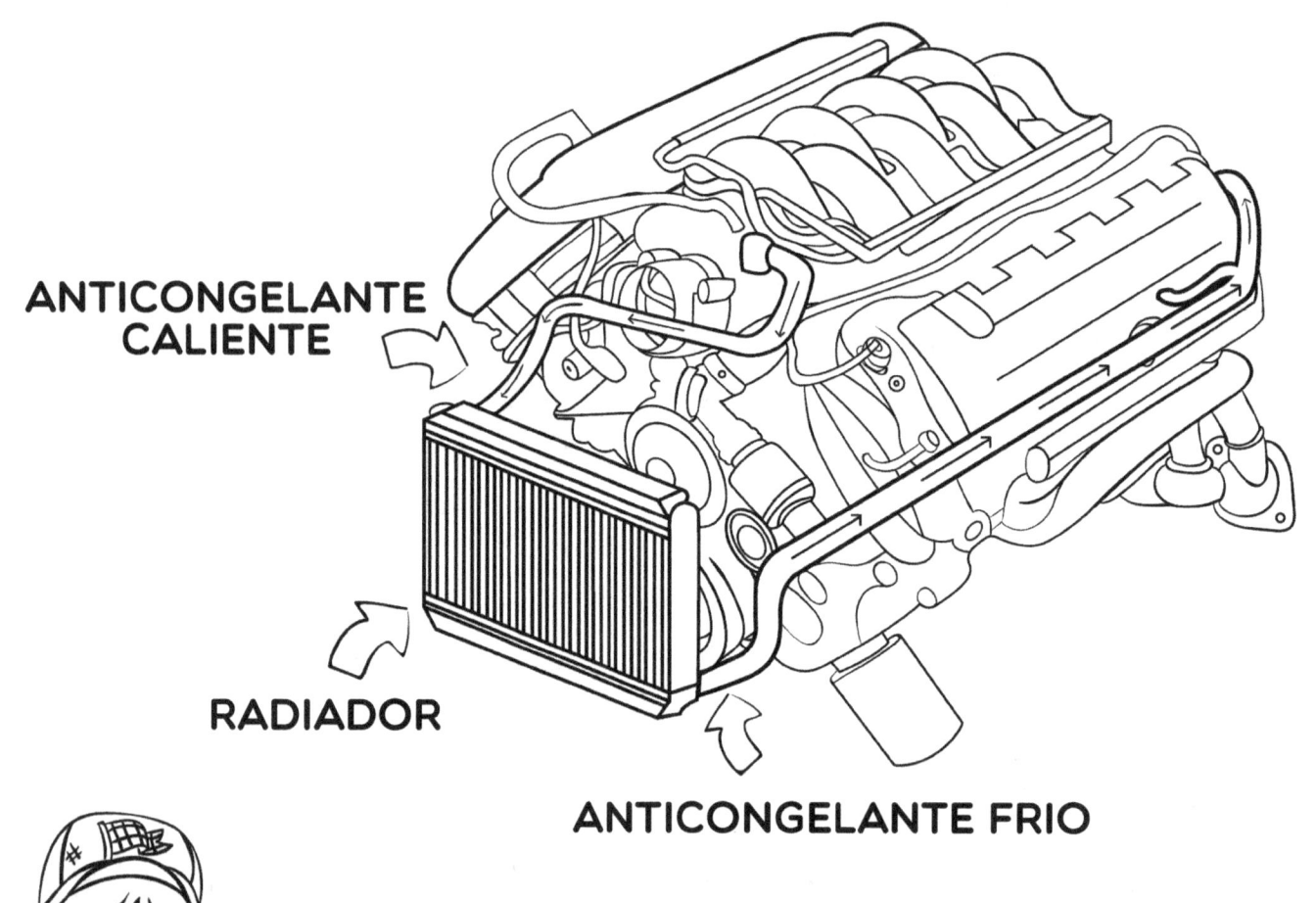

LOS MOTORES SUELEN CALENTARSE MUCHO.

- UN RADIADOR TIENE COMO OBJETIVO EVITAR QUE UN MOTOR SE CALIENTE DEMASIADO
- UNA BOMBA DE AGUA SE ENCARGA DE DESPLAZAR UN LÍQUIDO ESPECIAL LLAMADO ANTICONGELANTE A TRAVÉS DEL MOTOR Y DESPUÉS A TRAVÉS DEL RADIADOR.

SUPERCARGADORES Y TURBOCARGADORES

LOS SUPERCARGADORES Y TURBOCARGADORES ACTÚAN COMO UN VENTILADOR QUE EMPUJA AIRE EXTRA AL MOTOR. ¡EL AIRE EXTRA PERMITE QUE EL AUTO ADQUIERA MÁS PODER PARA QUE DE ESTA MANERA EL MOTOR HAGA QUE EL AUTO VAYA MÁS RÁPIDO!

SUPERCARGADORES

LOS SUPERCARGADORES SON VENTILADORES QUE SON ENERGIZADOS POR MEDIO DE UNA BANDA QUE GIRA CUANDO EL MOTOR ESTA ENCENDIDO.
LA MAYORÍA DE LOS SUPERCARGADORES ESTAN LOCALIZADOS EN LA PARTE SUPERIOR DEL MOTOR Y MUCHAS VECES ESTOS SON TAN GRANDES QUE SE PUEDEN VER SOBRESALIR ENCIMA DEL COFRE.

TURBOCARGADORES

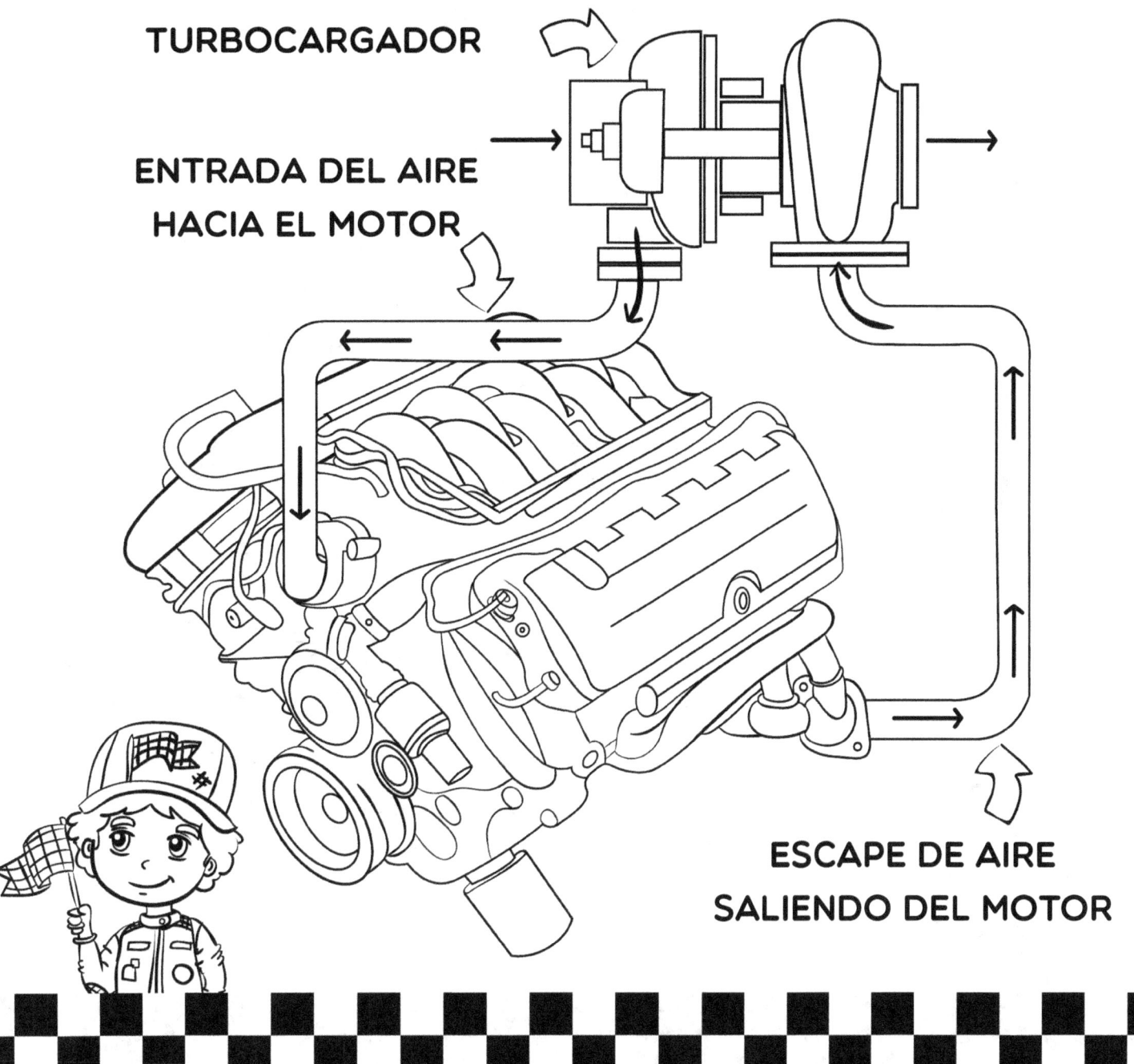

TURBOCARGADOR

ENTRADA DEL AIRE HACIA EL MOTOR

ESCAPE DE AIRE SALIENDO DEL MOTOR

LOS TURBOCARGADORES NO FUNCIONAN POR MEDIO DE UNA BANDA, EN CAMBIO A ESTO, ES COMO UN VENTILADOR DE DOS CARAS. LOS GASES DE ESCAPE QUE SALEN DEL MOTOR HACEN GIRAR UN LADO DEL VENTILADOR, ASÍ QUE ESTE HACE GIRAR EL OTRO LADO DEL VENTILADOR QUE EMPUJA EL AIRE HACIA EL MOTOR.

TURBOCARGADORES GEMELOS

¡ESTE AUTO TIENE DOS TURBOCARGADORES!

LA MAYORÍA DE LOS TURBOCARGADORES SE ENCUENTRAN DEBAJO DEL COFRE Y DIFÍCIL DE VERSE, SIN EMBARGO, ALGUNOS AUTOS LOS TIENEN SOBRESALIENTES ENCIMA DEL COFRE LO CUAL ¡ES ALGO MUY EMOCIONANTE!

MOTORES ELECTRICOS

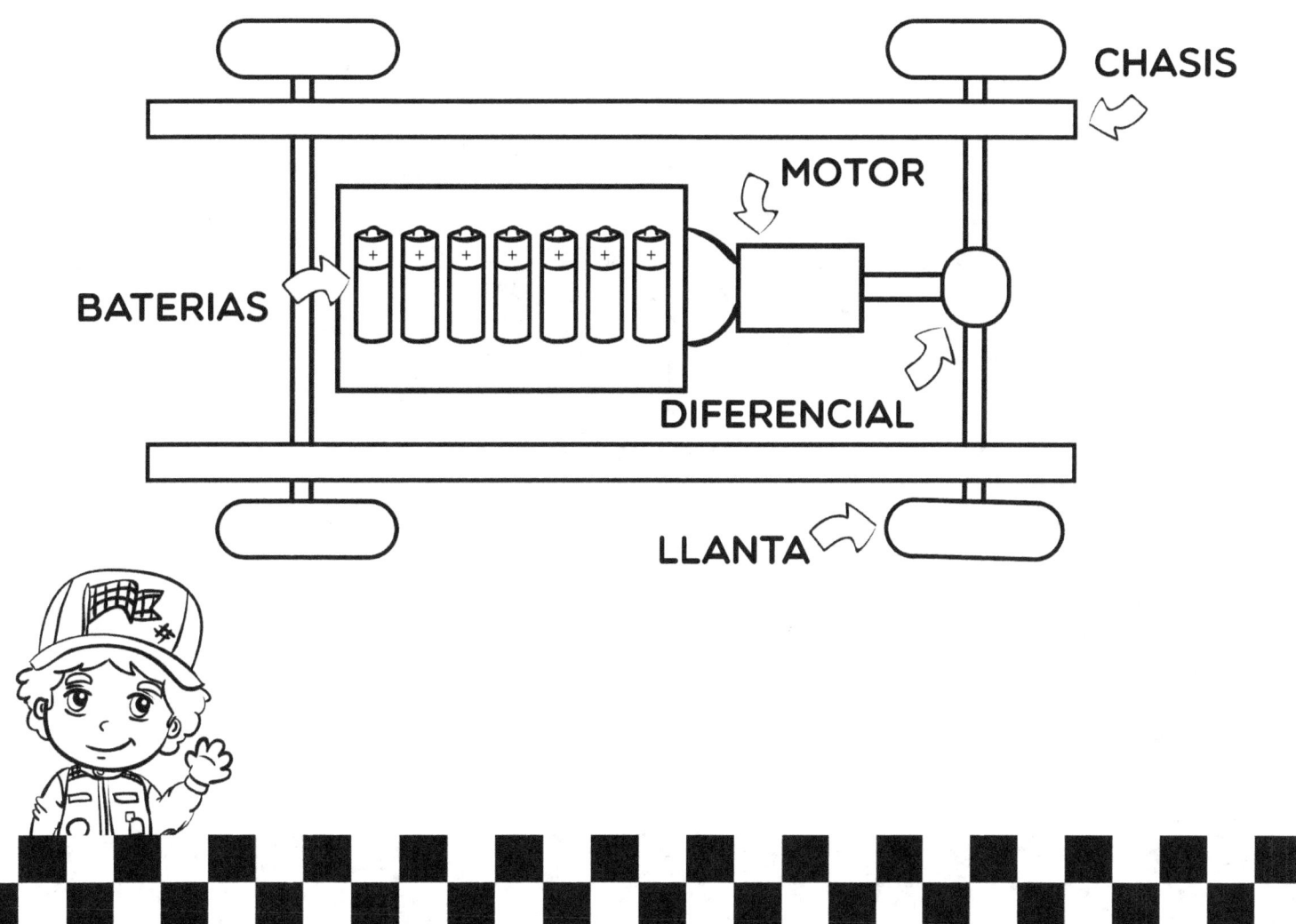

LOS AUTOS TAMBIÉN UTILIZAN MOTORES ELÉCTRICOS, LOS MOTORES ELÉCTRICOS TIENEN MENOS PIEZAS MÓVILES, LO CUAL AYUDA A QUE ESTOS DUREN MÁS TIEMPO
LOS MOTORES EN UN AUTO ELÉCTRICO SON ENERGIZADOS POR MEDIO DE BATERÍAS. ¡LA MAYORÍA DE LOS AUTOS DE CONTROL REMOTO FUNCIONAN DE LA MISMA MANERA!

SUPER AUTOS CON MOTORES ELECTRICOS

ALGUNOS DE LOS AUTOS MÁS RÁPIDOS EN EL MUNDO TIENEN MOTORES ELÉCTRICOS

MOTOR DELANTERO, CENTRAL Y TRASERO

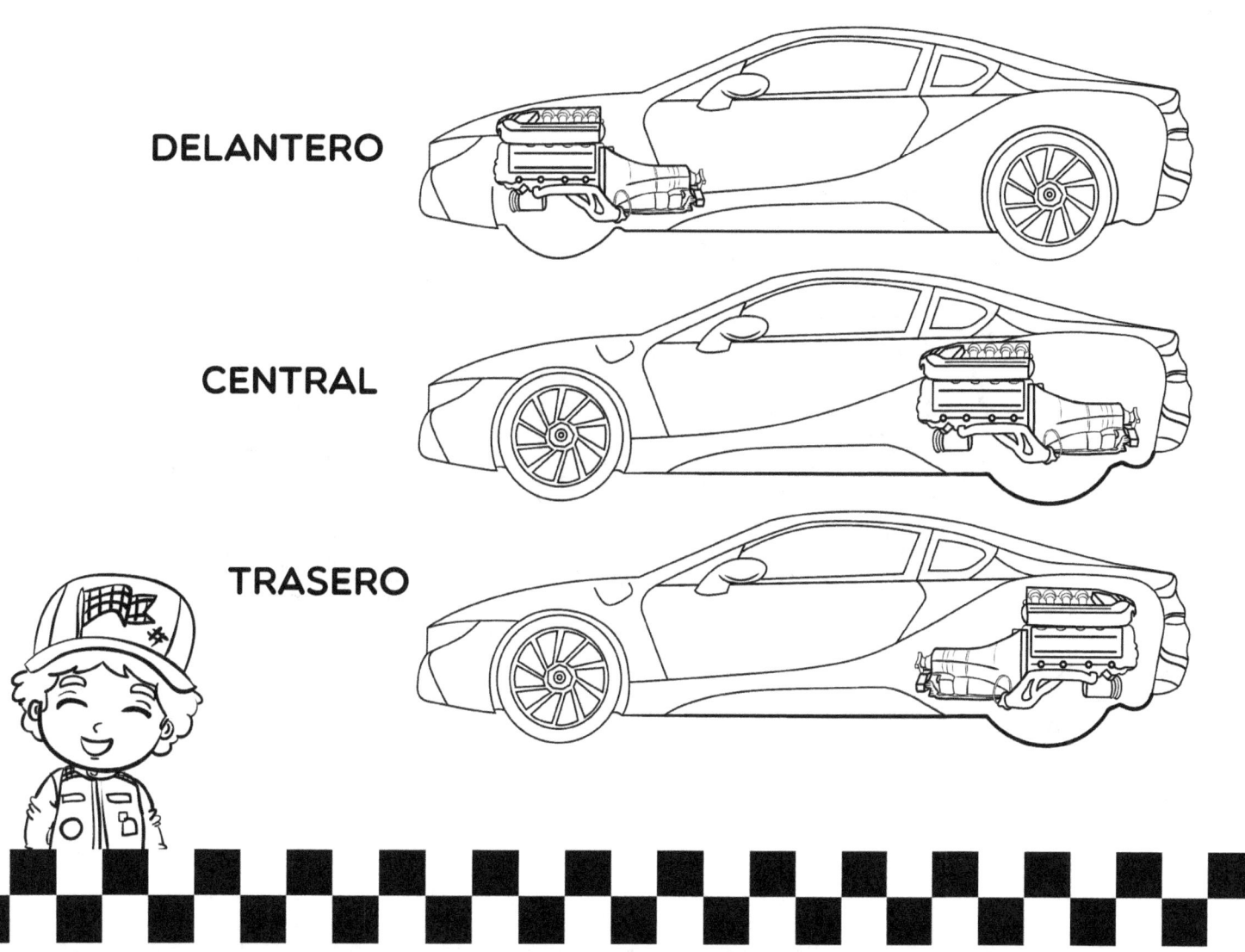

EXISTEN AUTOS CON MOTORES DELANTEROS, CENTRALES Y TRASEROS.

- LOS AUTOS CON MOTOR DELANTERO TIENEN EL MOTOR ENTRE LAS LLANTAS DELANTERAS Y EL FRENTE DEL AUTO.
- LOS AUTOS CON MOTOR CENTRAL TIENEN EL MOTOR ENTRE LAS LLANTAS DELANTERAS Y TRASERAS.
- LOS AUTOS CON MOTOR TRASERO TIENEN EL MOTOR ENTRE LAS LLANTAS TRASERAS Y LA PARTE TRASERA DEL AUTO.

TRANSMISIÓN

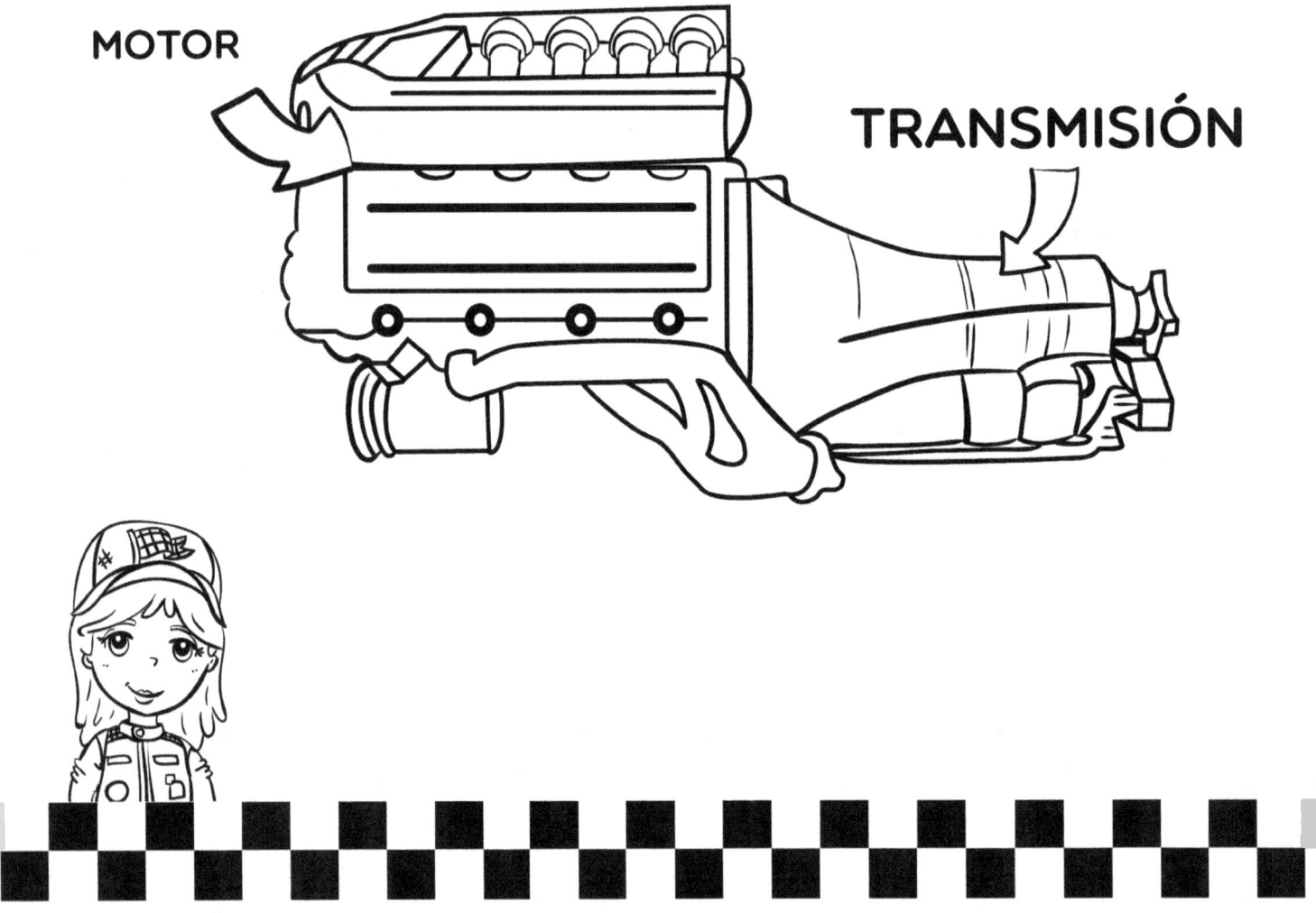

LA TRANSMISIÓN SE CONECTA CON LA PARTE TRASERA DEL MOTOR.

LA TRANSMISIÓN TIENE DIFERENTES ENGRANES QUE AYUDAN A LAS LLANTAS A GIRAR A LA VELOCIDAD APROPIADA. LA TRANSMISIÓN TAMBIÉN TIENE UN ENGRANE LLAMADO "REVERSA" PARA QUE EL AUTO SE PUEDA MOVER HACIA ATRÁS.

EJE DE TRANSIMISIÓN

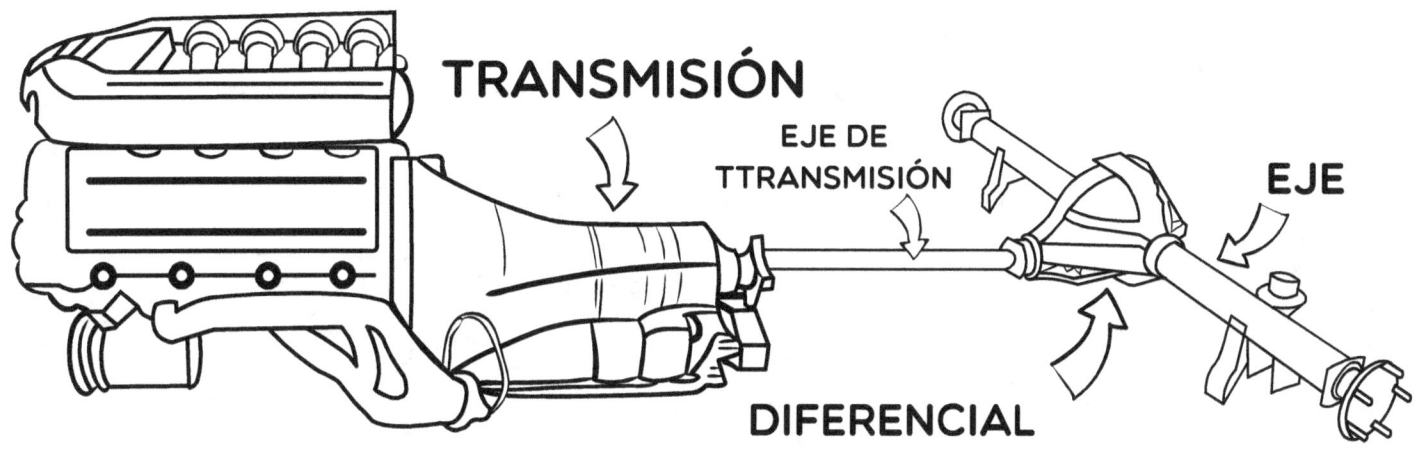

LA PARTE TRASERA DE LA TRANSMISIÓN ESTÁ CONECTADA A UN EJE DE TRANSMISIÓN EL CUAL ESTÁ CONECTADO A UN DIFERENCIAL.

EL DIFERENCIAL Y EL EJE ESTÁN CONECTADOS A LAS LLANTAS PARA QUE LAS LLANTAS GIREN CUANDO EL EJE DE TRANSMISIÓN GIRE.

DIFERENCIAL

DIFERENCIAL

EL DIFERENCIAL NECESITA SER MUY RESISTENTE PARA SOPORTAR TODO EL PODER DEL MOTOR. PUEDES VER FÁCILMENTE EL DIFERENCIAL EN LA MAYORÍA DE LAS CAMIONETAS. ES LA PIEZA REDONDA QUE SE VE EN MEDIO DEL EJE.

AUTO CON TRACCIÓN DE CUATRO POR CUATRO

EN MUCHOS VEHÍCULOS, SOLO LAS LLANTAS TRASERAS GIRAN, LO CUAL SE LE CONOCE COMO "TRACCIÓN DE DOS RUEDAS" ALGUNOS AUTOS Y CAMIONETAS TIENEN "TRACCIÓN DE 4 RUEDAS" LO CUAL SIGNIFICA QUE LAS 4 LLANTAS ESTÁN CONECTADAS AL MOTOR. ESTO PERMITE QUE EL AUTO ANDE EN LODO O POR ENCIMA DE PIEDRAS GRANDES Y SIN ATORARSE EN NINGÚN LADO.

COMO FUNCIONA UNA TRACCIÓN DE 4X4

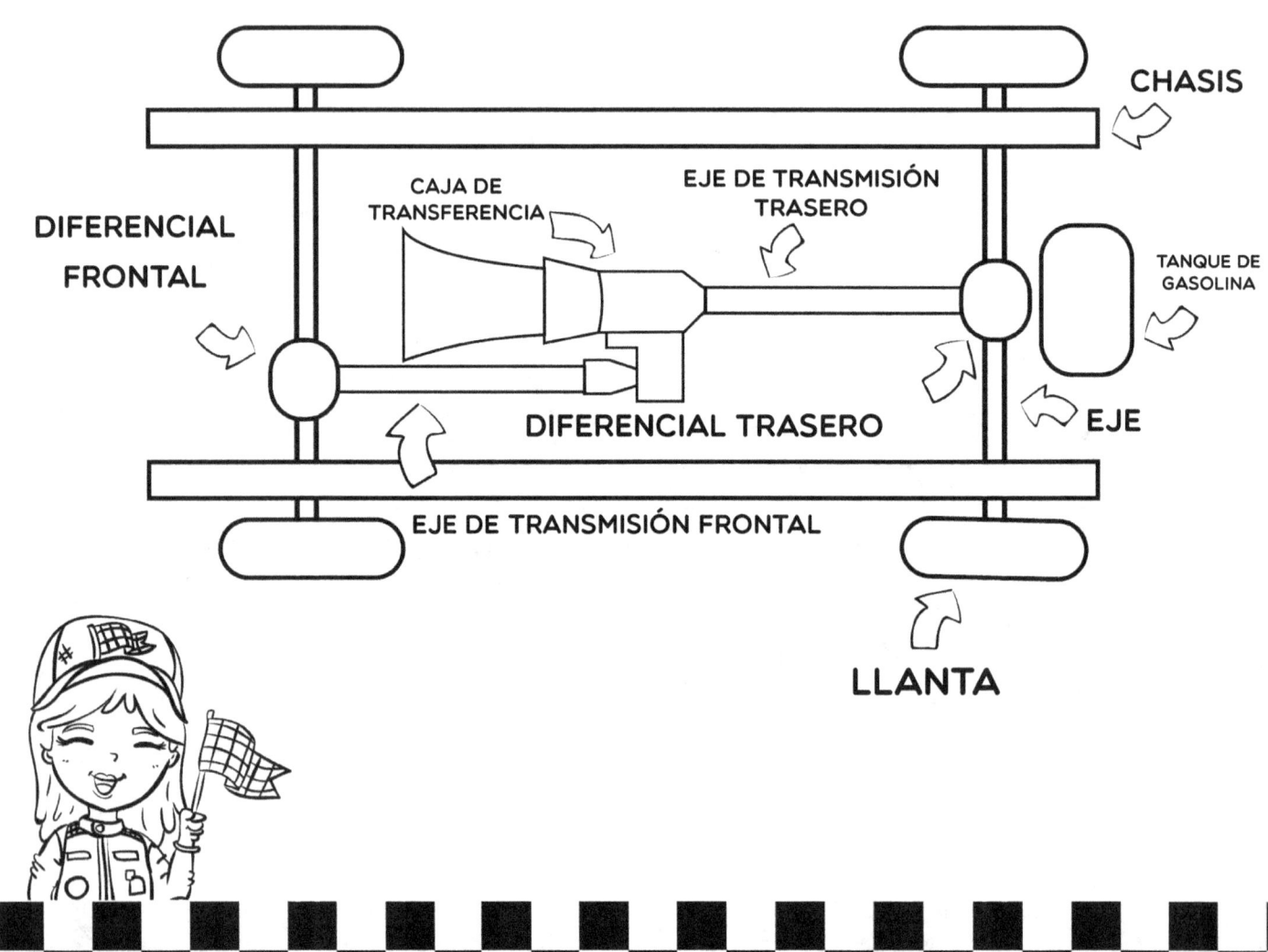

EN UN VEHÍCULO CON TRACCIÓN DE 4X4, LA CAJA DE TRANSFERENCIA ESTÁ EN LA PARTE TRASERA DE LA TRANSMISIÓN Y ESTA SE CONECTA A LOS EJES TRASEROS Y REALES. ESTO LE PERMITE AL MOTOR GIRAR LAS LLANTAS FRONTALES Y TRASERAS.

2 DIFERENCIALES

DIFERENCIAL TRASERO

DIFERENCIAL FRONTAL

EN LAS CAMIONETAS, ALGUNAS VECES ES POSIBLE VER DOS DIFERENCIALES. ESTO QUIERE DECIR QUE LA CAMIONETA ES TRACCIÓN 4X4.
ALGUNOS AUTOS TIENEN UNA TRACCIÓN 4X4, SIN EMBARGO, ES DIFÍCIL VER EL DIFERENCIAL PORQUE EL CARRO ESTÁ MUY CERCA DEL PISO

4X4

SIMBOLO 4X4

4X4 SIGNIFICA LO MISMO QUE LA TRACCIÓN EN LAS 4 RUEDAS. SI NO ES POSIBLE VER EL DIFERENCIAL FRONTAL, DEBERÁS PODER VER EL SÍMBOLO DE 4X4 PARA SABER SI UNA CAMIONETA ES DE TRACCIÓN EN LAS 4 RUEDAS.

TRACCION DELANTERA

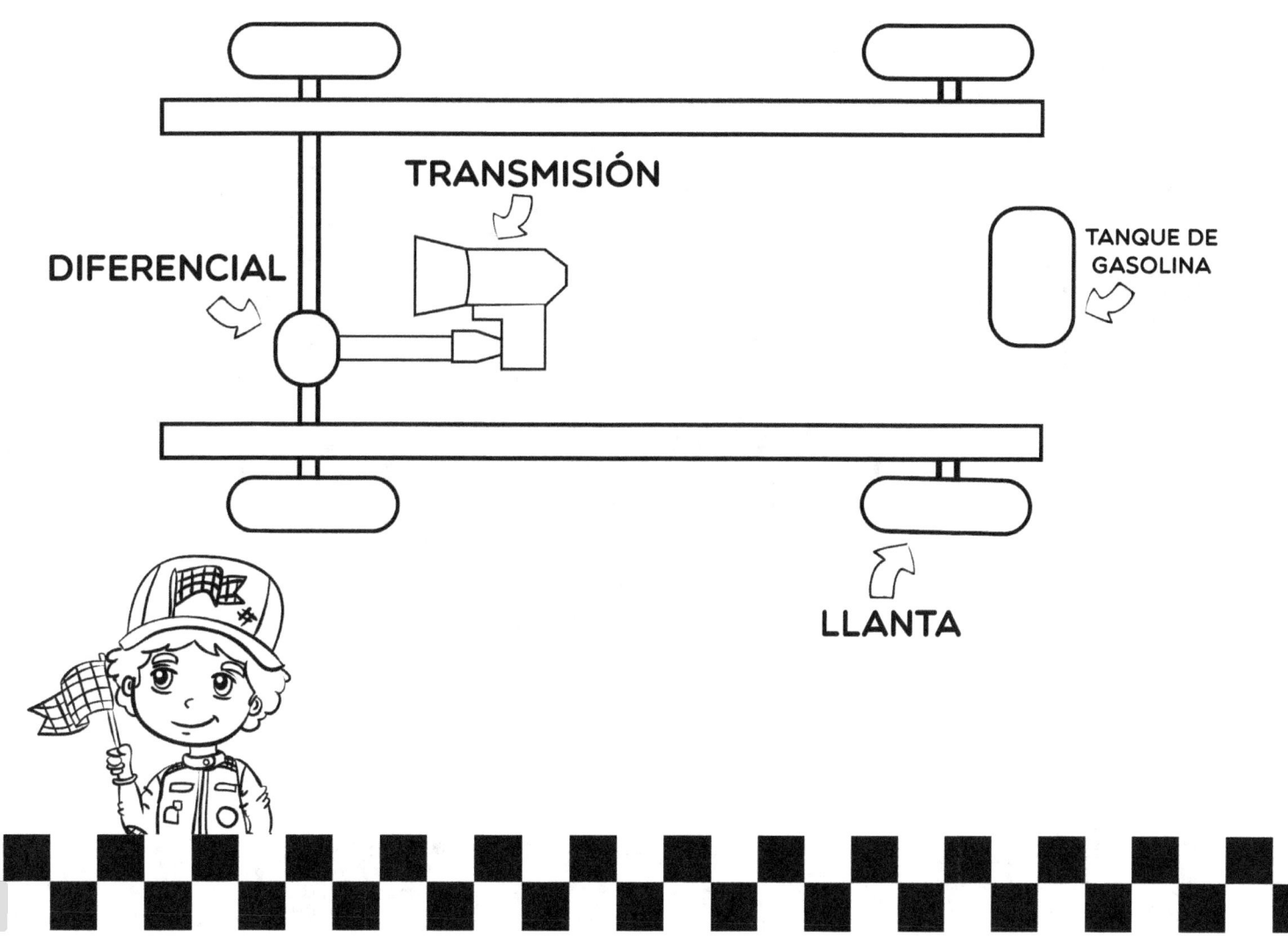

ALGUNOS AUTOS DE TRACCIÓN EN DOS LLANTAS SOLO IMPULSAN LAS LLANTAS FRONTALES DEL AUTO; A ESTO SE LE LLAMA TRACCIÓN DELANTERA

SUSPENSIÓN

SUSPENSIÓN

LA SUSPENSIÓN CONECTA LAS LLANTAS AL CHASIS O AL CUERPO DEL AUTO. LA SUSPENSIÓN PUEDE MOVERSE HACIA ARRIBA O HACIA ABAJO A MEDIDA QUE EL AUTO PASA POR ENCIMA DE LOS BACHES PARA AYUDAR A MANTENER LOS NEUMÁTICOS EN EL CAMINO

EJE SOLIDO VS SUSPENCIÓN INDEPENDIENTE

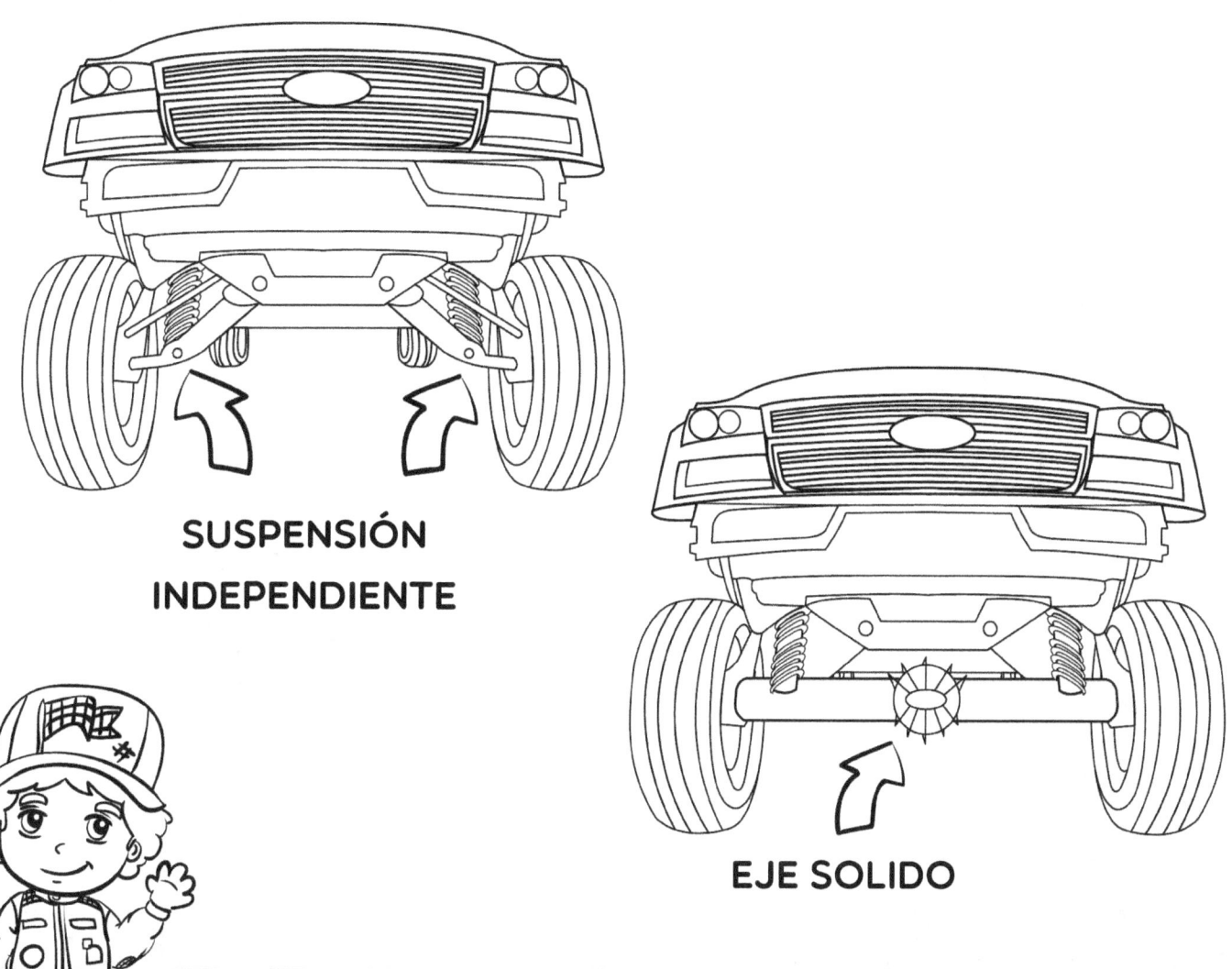

UNA SUSPENSIÓN INDEPENDIENTE PERMITE QUE CADA LLANTA SE MUEVA HACIA ARRIBA O HACIA ABAJO POR SI SOLA O DE MANERA INDEPENDIENTE
UN EJE SOLIDO ES COMO UNA LÍNEA RECTA LA CUAL CONECTA AMBAS LLANTAS Y EN ESTE CASO AMBAS LLANTAS SE MUEVEN HACIA ARRIBA O HACIA ABAJO JUNTAS

DIRECCIÓN

EL VOLANTE ESTÁ CONECTADO A LAS LLANTAS FRONTALES; AL GIRAR AL VOLANTE LE PERMITE AL CONDUCTOR CONTROLAR HACIA DONDE SE DIRIGE EL VEHÍCULO.
UNA CAMIONETA MONSTER CUENTA CON UN VOLANTE TRASERO, ¡ASÍ QUE LAS LLANTAS TRASERAS TAMBIÉN PUEDEN GIRAR!

NEUMATICOS

LAS LLANTAS SON LA PARTE DE GOMA NEGRA EN EL EXTERIOR DE LA RUEDA. LOS NEUMÁTICOS SON MUY IMPORTANTES. UN NEUMÁTICO ES LA ÚNICA PARTE QUE TOCA EL SUELO. LOS NEUMÁTICOS TIENEN RANURAS ESPECIALES PARA EL AGUA O PARA LA TIERRA PARA QUE AUN ASÍ LOS NEUMÁTICOS PUEDAN TOCAR LA CARRETERA EN DÍAS LLUVIOSOS.

RUEDAS

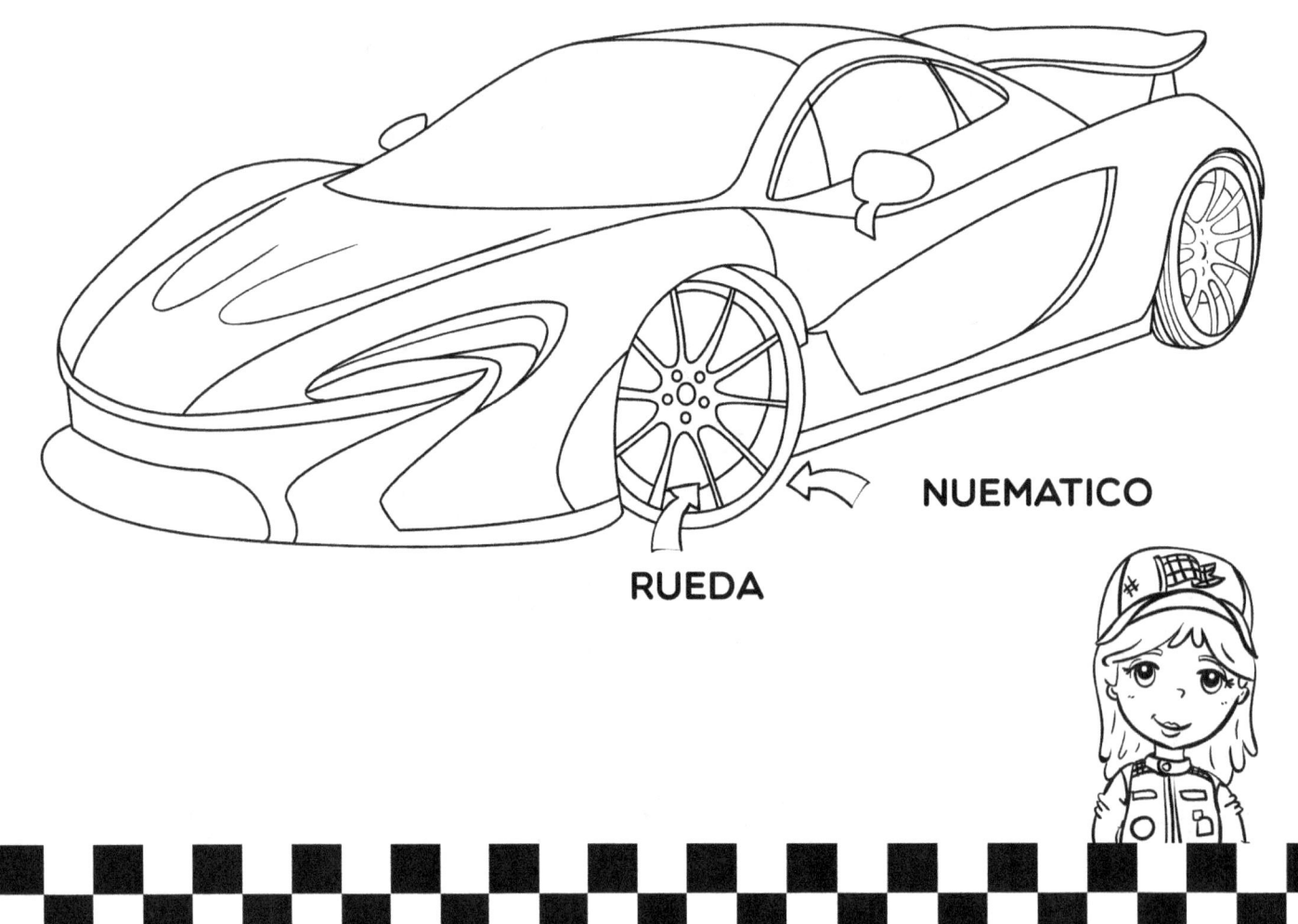

NUEMATICO

RUEDA

LA RUEDA ES LA PARTE METÁLICA QUE SE CONECTA AL CARRO. USUALMENTE LAS RUEDAS SON DE COLOR PLATA SIN EMBARGO PUEDEN SER DE CUALQUIER COLOR.

FRENOS

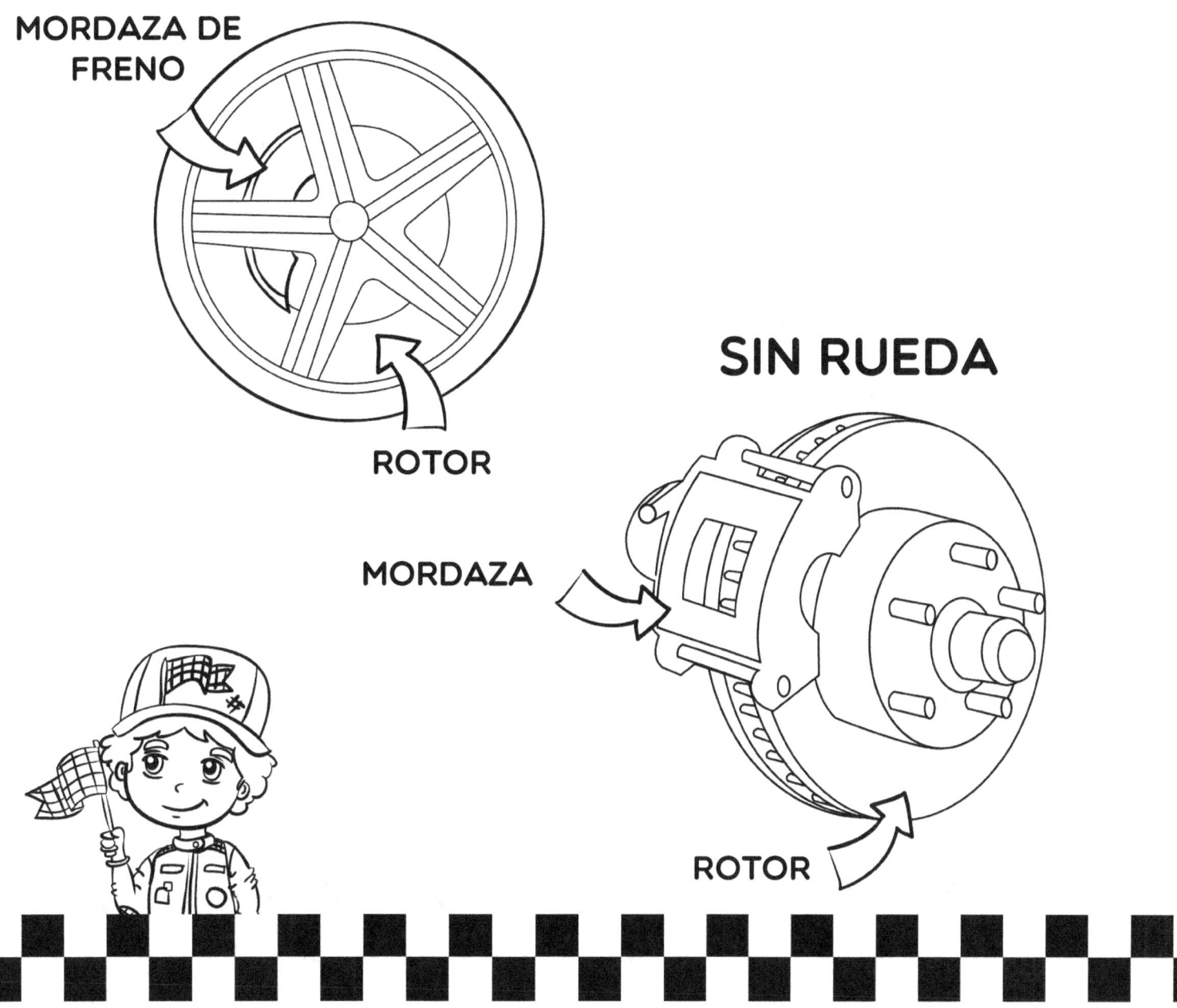

LOS FRENOS SE ENCARGAN DE DETENER EL AUTO. AL PRESIONAR EL PEDAL DE LOS FRENOS HARÁ QUE LAS MORDAZAS DE LOS FRENOS APRETARAN LOS ROTORES PARA DISMINUIR LA VELOCIDAD DEL AUTO. LOS FRENOS EN UNA BICICLETA FUNCIONAN DE LA MISMA MANERA.

LUCES

- LAS LUCES QUE ESTÁN EN LA PARTE FRONTAL DE AUTO ILUMINAN LAS CARRETERAS EN LAS NOCHES.
- LAS LUCES TRASERAS PERMITEN QUE OTROS AUTOS PUEDAN VER EL AUTO.
- LAS LUCES DE FRENO ADVIERTEN A LOS DEMÁS QUE EL AUTO SE ESTÁ DETENIENDO Y POR LO TANTO LOS DEMÁS TAMBIÉN DEBERÁN DISMINUIR SU VELOCIDAD.

VENTANA ELECTRICA

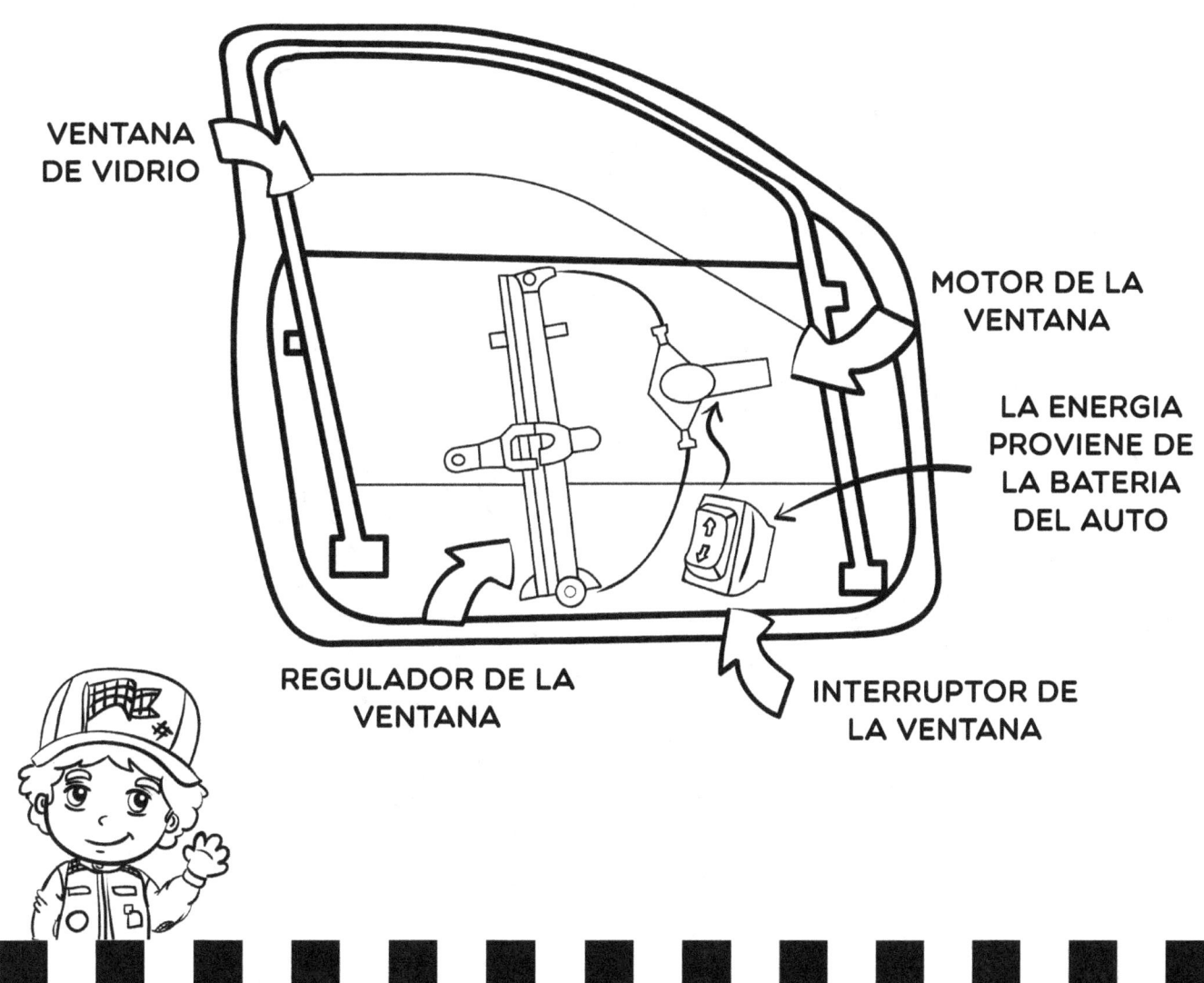

EXISTE UN MOTOR DENTRO DE LA PUERTA EL CUAL SE ENCARGA DE MOVER LA VENTANA HACIA ARRIBA O HACIA ABAJO. EL INTERRUPTOR DE LA VENTANA ENVÍA ELECTRICIDAD DESDE LA BATERÍA HACIA EL MOTOR QUE SE ENCARGA DE SUBIR Y BAJAR LA VENTANA.

LIMPIAPARABRISAS

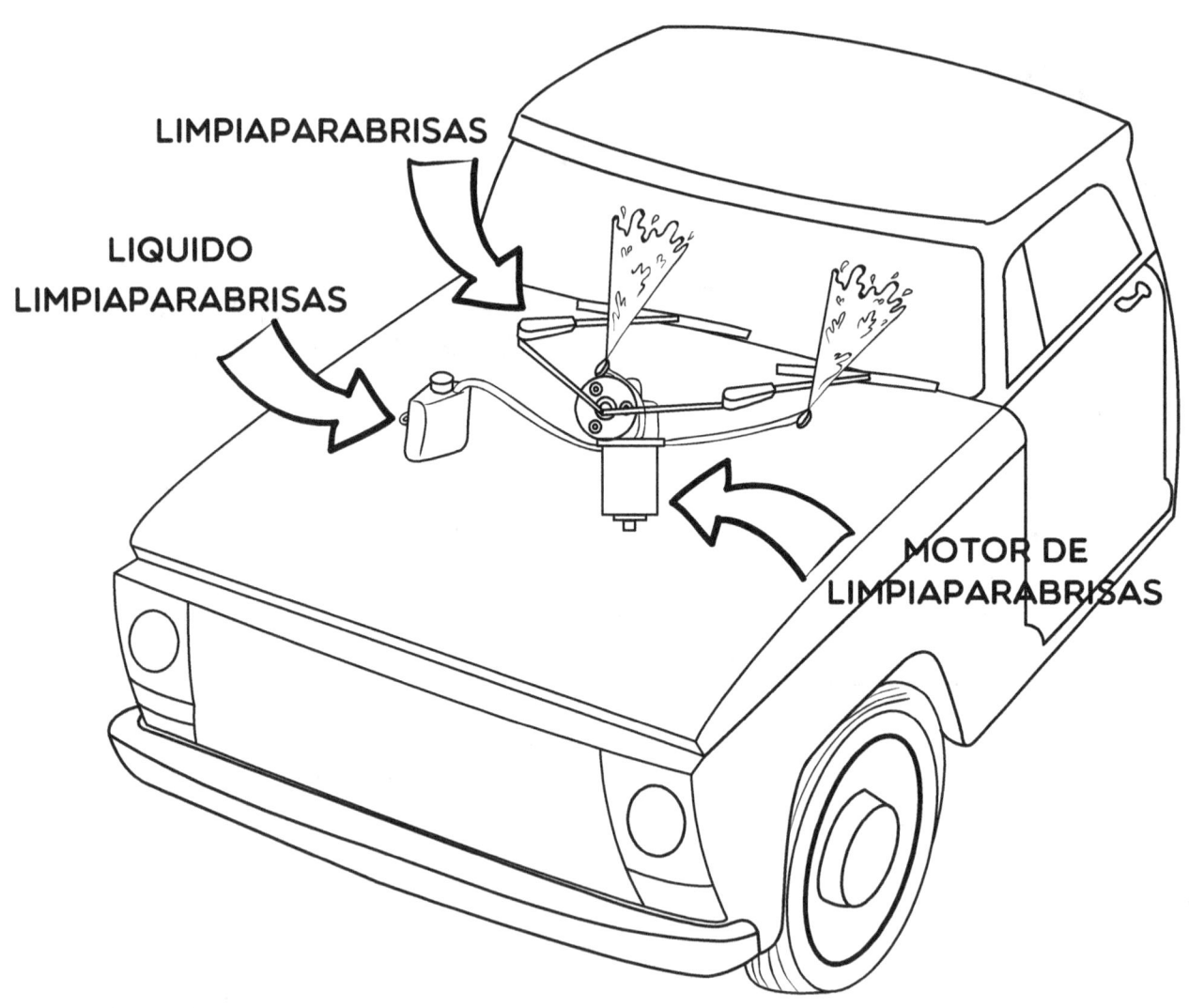

LOS LIMPIAPARABRISAS LIMPIAN EL PARABRISAS EN DÍAS LLUVIOSOS.

EXISTE UN MOTOR QUE SE ENCARGA DE HACER GIRAR LOS LIMPIAPARABRISAS.

TAMBIÉN HAY UN TANQUE QUE CONTIENE LIQUIDO LIMPIAPARABRISAS EL CUAL SE ROCIARA SOBRE EL PARABRISAS CUANDO EL CONDUCTOR PRESIONA UN BOTÓN.

INTERIOR DEL AUTO

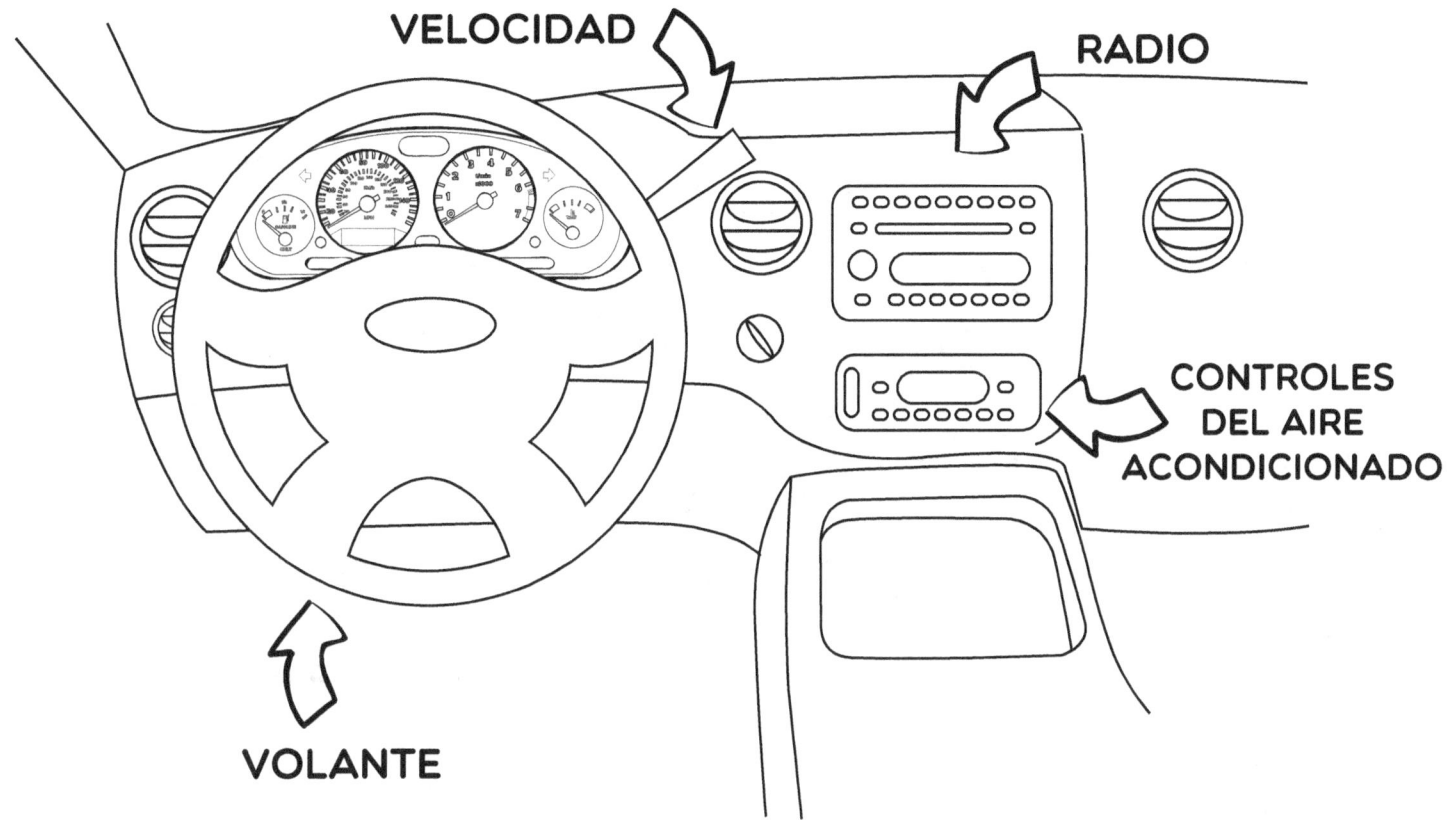

EL CONDUCTOR ES CAPAZ DE CONTROLAR MUCHAS COSAS DESDE EL ASIENTO DEL CONDUCTOR.

- EL VOLANTE CONTROLA LA DIRECCIÓN DEL AUTO.
- LA PALANCA DE CAMBIOS CONTROLA EN QUE CAMBIO ESTÁ LA TRANSMISIÓN.
- EL RADIO CONTROLA LOS SONIDOS QUE SE ESCUCHAN EN LAS BOCINAS.
- EL AIRE ACONDICIONADO CONTROLA QUE TAN CALIENTE O QUE TAN FRIO ESTARÁ EL INTERIOR DEL AUTO.

TABLERO DE INSTRUMENTOS

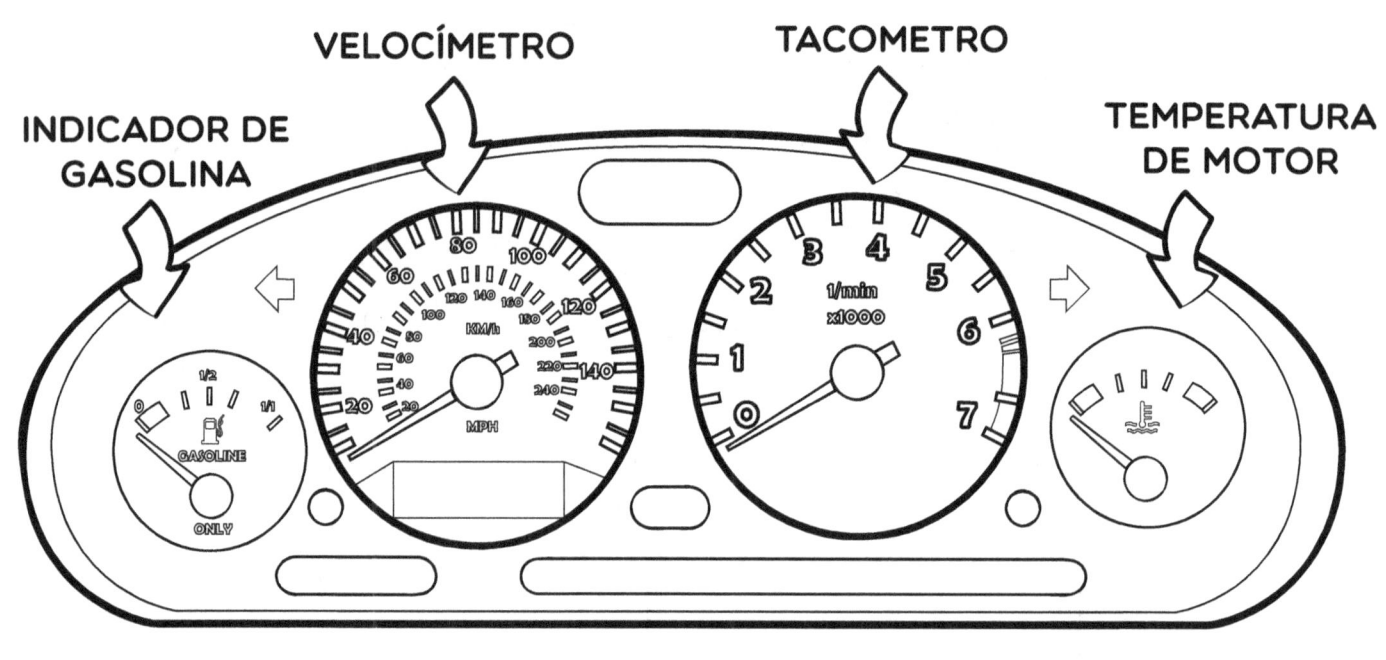

- INDICADOR DE GASOLINA: MUESTRA CUANTA GASOLINA HAY EN EL TANQUE.
- VELOCÍMETRO: MUESTRA QUE TAN RÁPIDO VA EL AUTO.
- TACÓMETRO: MUESTRA QUE TAN RÁPIDO GIRA EL MOTOR.
- TEMPERATURA DEL MOTOR: MUESTRA LA TEMPERATURA DEL MOTOR.

¿COMO CONSIGUEN LOS AUTOS EL COMBUSTIBLE?

LOS AUTOS LLENAN SUS TANQUES DE GASOLINA EN LAS GASOLINERAS.

LAS GASOLINERAS TIENEN TANQUES ENORMES BAJO TIERRA EN DONDE ALMACENAN TODO EL COMBUSTIBLE.

LOS CAMIONES DE COMBUSTIBLE SON LOS ENCARGADOS DE ENTREGAR GASOLINA A LOS TANQUES DE LAS GASOLINERAS.

El Pequeño Ingeniero - Libro para colorear: Autos y Camionetas

RECARGA DE AUTOS ELECTRICOS

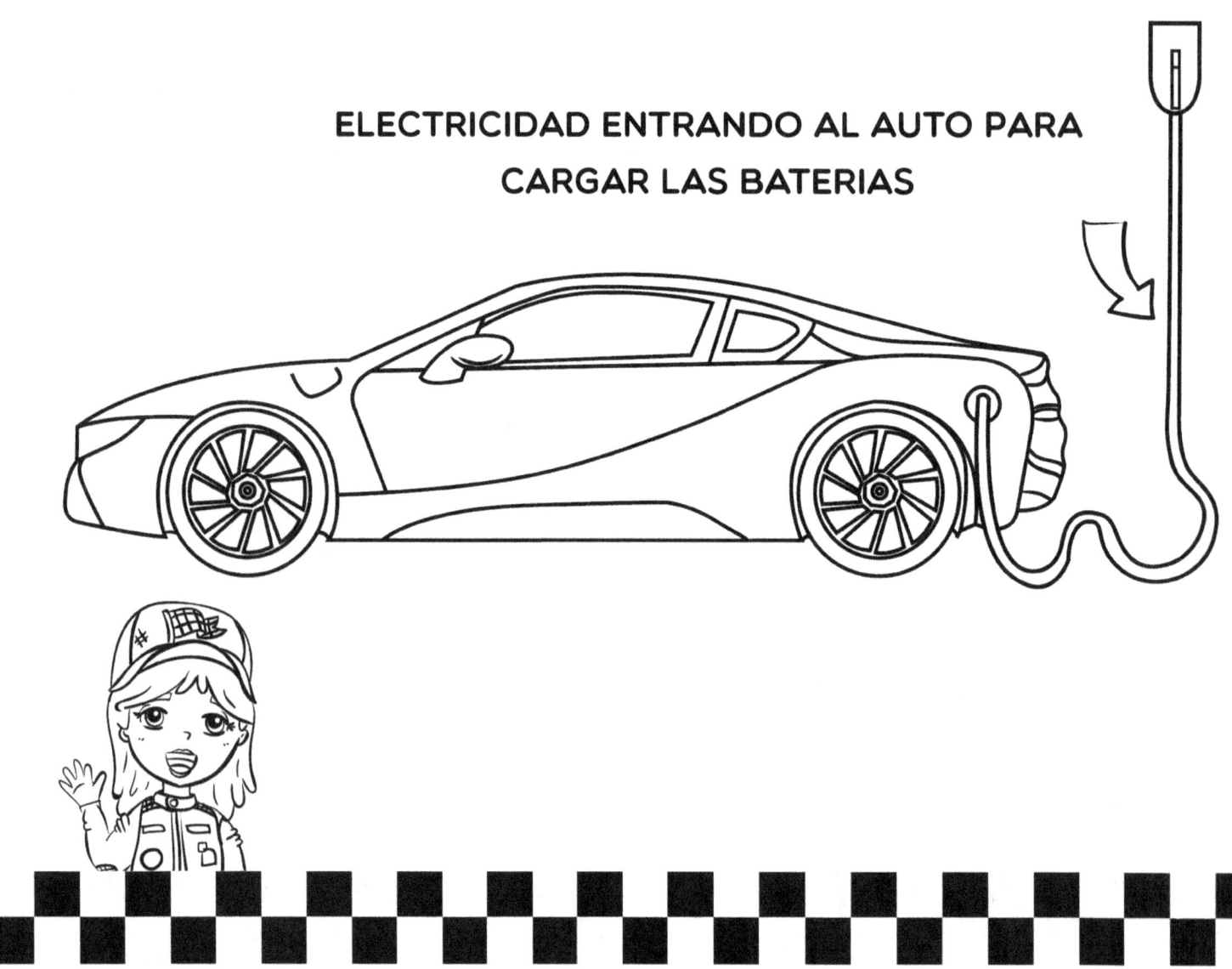

ELECTRICIDAD ENTRANDO AL AUTO PARA CARGAR LAS BATERIAS

UN AUTO ELÉCTRICO NO TIENE UN TANQUE DE GASOLINA. EN SU LUGAR, TIENE UNA GRAN BATERÍA Y LA BATERÍA SE RECARGA POR MEDIO DE UN ENCHUFE EN LA COCHERA. ALGUNAS VECES LOS ESTACIONAMIENTOS CUENTAN CON ESTACIONES DE CARGA PARA CARGAR ESTE TIPO DE AUTOS MIENTRAS VAN A LA TIENDA.

AVANCE ESPECIAL

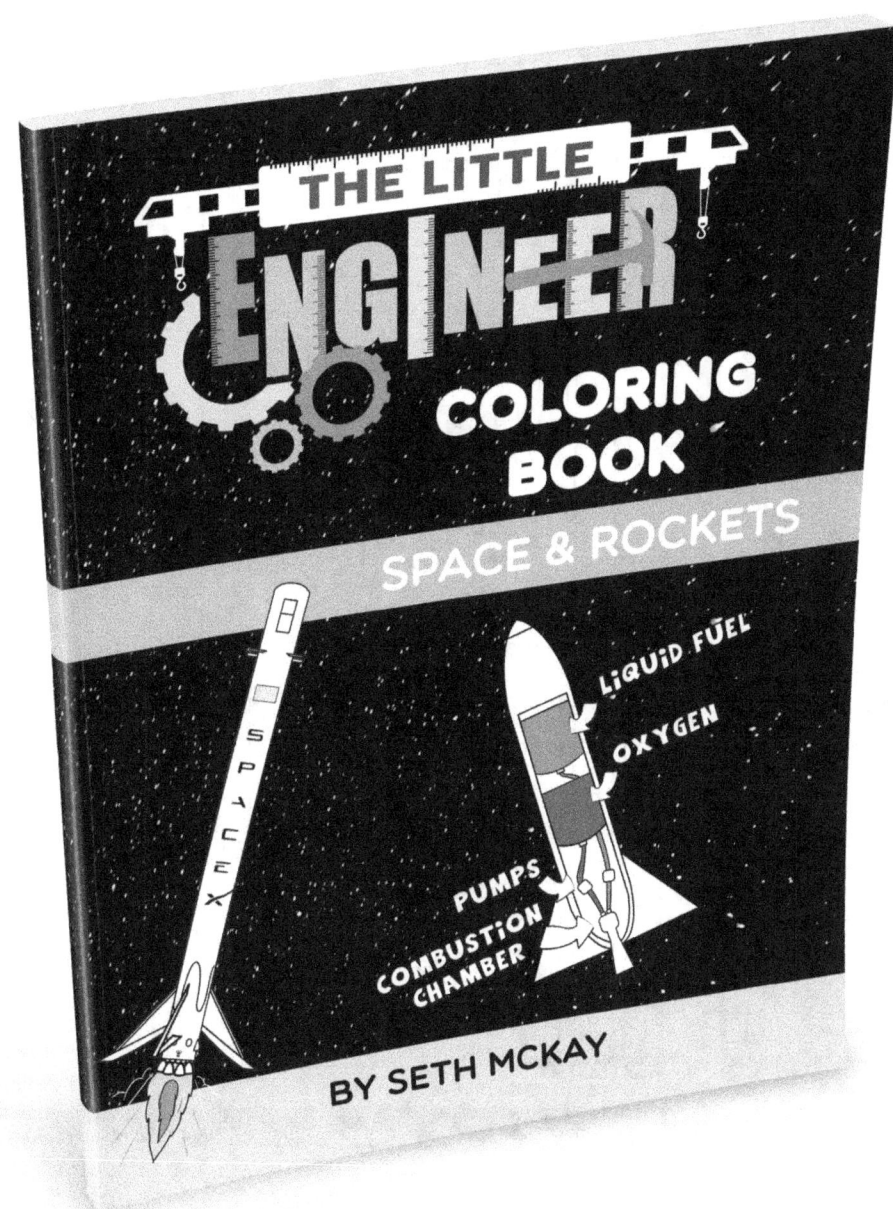

¡MIRA ESTE PEQUEÑO AVANCE DE OTRO DIVERTIDO LIBRO PARA COLOREAR!

COHETES MODERNOS

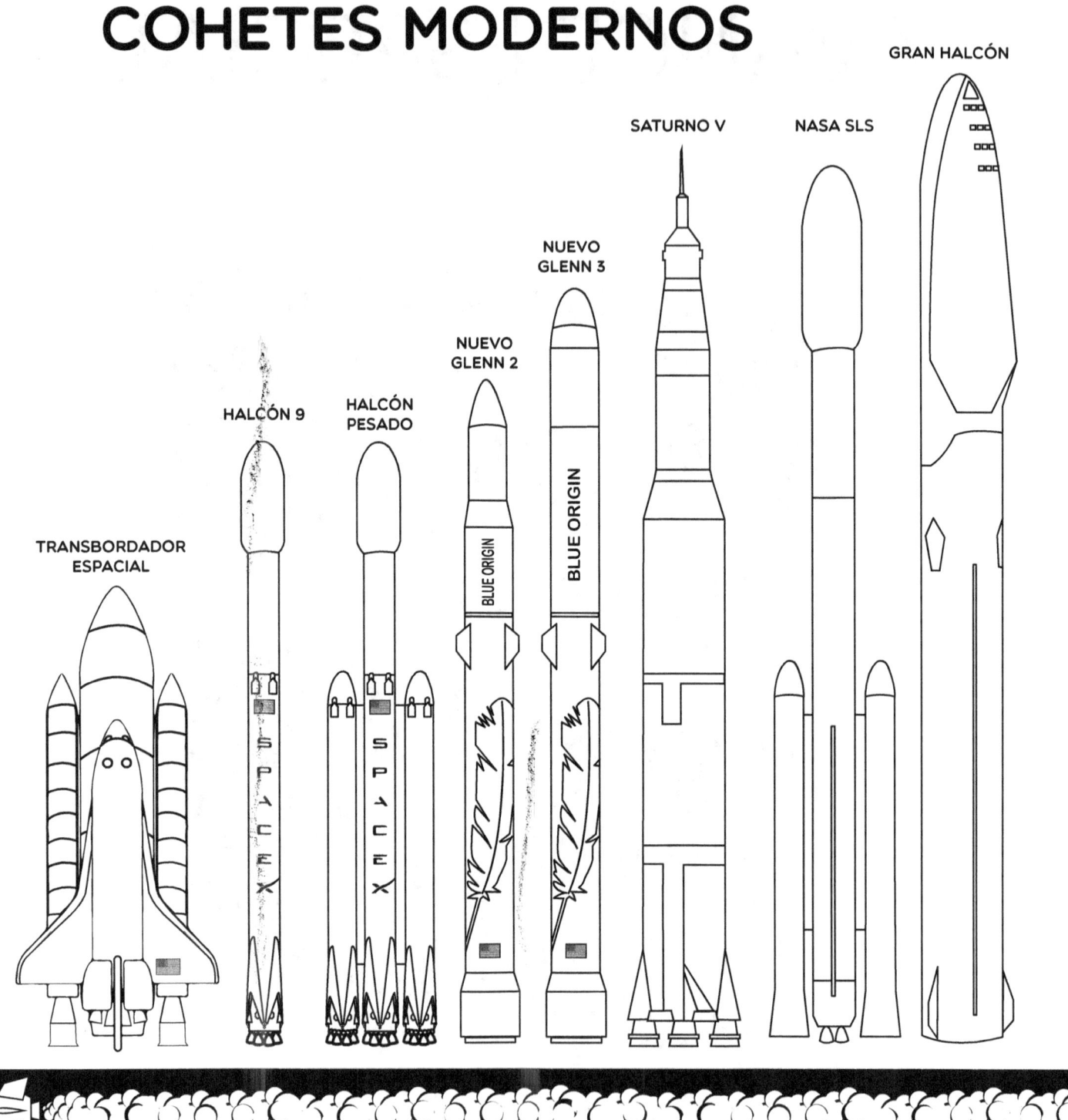

ACTUALMENTE HAY MUCHOS COHETES NUEVOS QUE ACABAN DE ESTAR DISPONIBLES. EL SATURNO V Y EL TRANSBORDADOR ESPACIAL ESTÁN INCLUIDOS SOLAMENTE PARA PROPÓSITOS DE COMPARACIÓN.

SPACEX COMO ATERRIZA EL COHETE

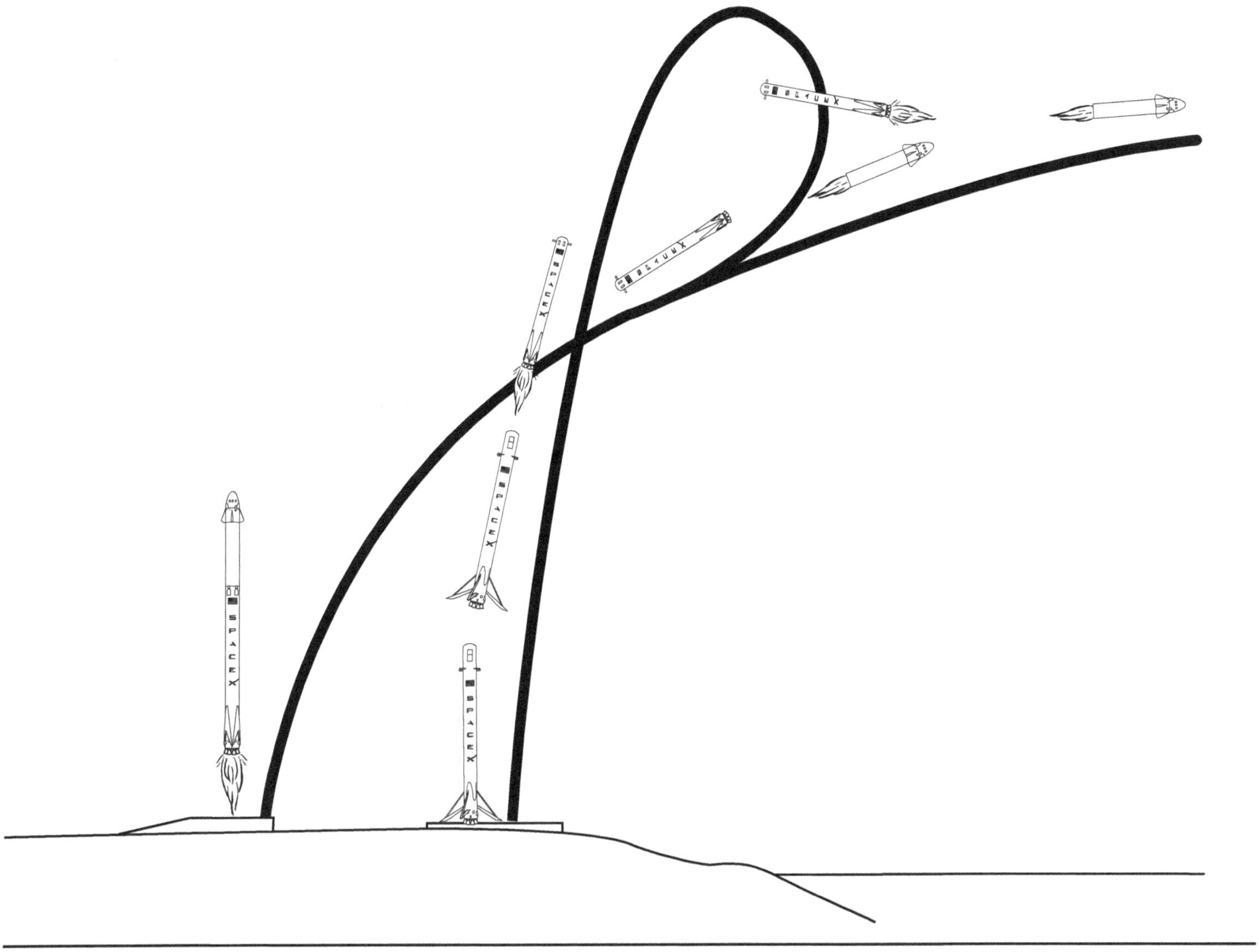

UNA VEZ QUE LA 1RA ETAPA DEL COHETE SE SEPARA DE LA 2DA ETAPA, LA 2DA ETAPA CONTINUARA HACIA LA ÓRBITA, PERO LA 1ER ETAPA DA LA VUELTA Y VUELA DE REGRESO HACIA UN LUGAR DE ATERRIZAJE EN LA TIERRA

ETAPAS DE LANZAMIENTO

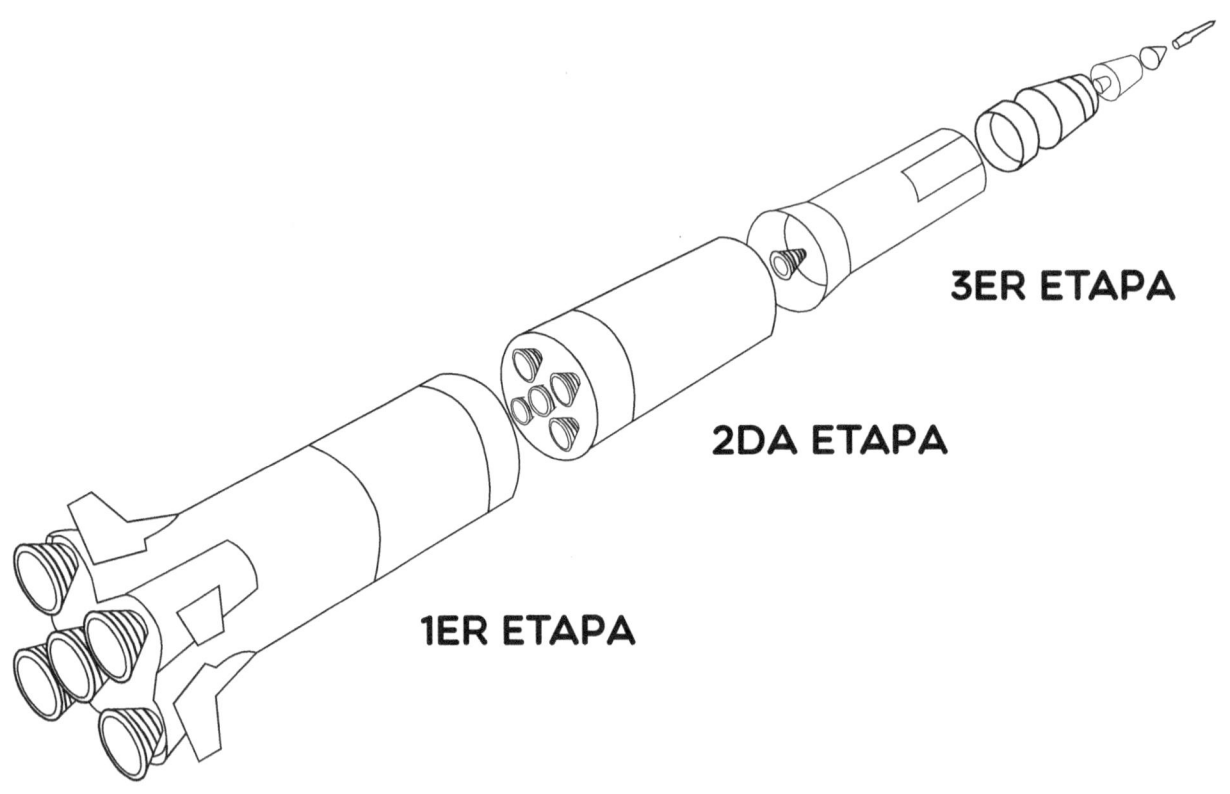

3ER ETAPA

2DA ETAPA

1ER ETAPA

EL COHETE TIENE DISTINTAS SECCIONES LLAMADAS ETAPAS.

EN CAMINO A LA LUNA - PASO 3

PASO 3: DISPARA LA ETAPA 3 DEL COHETE PARA DEJAR LA ÓRBITA DE LA TIERRA Y DIRIGIRTE HACIA LA LUNA.

¡Felicidades! Has terminado el entrenamiento

¡Has logrado certificarte y has terminado con éxito el entrenamiento de Autos y Camionetas!

Te pedimos de favor dejar una reseña en línea o solo dile a tu librería local que te ha encantado el libro.

Jefe de Ingeniería: Seth
TheLittleEngineerBooks.com

TheLittleEngineerBooks

www.ingramcontent.com/pod-product-compliance
Lightning Source LLC
Chambersburg PA
CBHW081757100526
44592CB00015B/2471